LE PLUS GRAND DÉFI DE L'HISTOIRE DE L'HUMANITÉ

Aurélien Barrau

LE PLUS GRAND DÉFI DE L'HISTOIRE DE L'HUMANITÉ

Face à la catastrophe écologique et sociale

*Tous droits de traduction,
d'adaptation et de reproduction
réservés pour tous pays.*

© Éditions Michel Lafon, 2019
118, avenue Achille-Peretti – CS 70024
92521 Neuilly-sur-Seine Cedex

www.michel-lafon.com

*À tous les vivants qui vont souffrir
de notre inconséquence. Avec honte.*

PRÉFACE

Ce petit fascicule fait suite à l'appel, signé par 200 personnalités (scientifiques, artistes, philosophes, écrivains), que j'ai lancé dans le journal Le Monde *du 3 septembre 2018, avec l'actrice Juliette Binoche que je remercie ici très chaleureusement.*

Je suis astrophysicien et pas écologue. Ce livre n'a donc pas prétention à l'exhaustivité ou à la rigueur universitaire. C'est en tant qu'habitant de la Terre et membre de la tribu des vivants que je tente ce cri d'alerte, parmi tant d'autres plus savants et plus approfondis. Je n'ai aucune autre légitimité à dessiner un « plan d'action » concret et précis pour sauver le monde.

Aux constats, je tente néanmoins d'adjoindre quelques ébauches de solutions et de réflexions possibles. Elles ne constituent en rien un programme clés en main et les propositions ne sont que des pistes envisageables.

Je n'entends nullement me substituer aux experts et je ne me considère pas comme exemplaire dans mes comportements. Il n'est certainement pas question pour moi de me poser ici en « donneur de leçons », bien au contraire. Le propos est naïf et je l'assume comme tel. Mais, en tant que citoyen, je pense fermement qu'il est vital de porter par tous les moyens possibles la question cruciale ici évoquée au cœur du débat public et au centre de l'action politique.

Mes collègues climatologues et biologistes sont désespérés. Ils ne savent plus comment exprimer la gravité de la situation. Ils ne savent plus quoi faire pour être entendus.

Cette maigre contribution n'a pas d'autre objectif que de presser le pouvoir politique à prendre ses responsabilités : des mesures fermes, fortes et immédiates. Elle engage également

Le plus grand défi de l'histoire de l'humanité

chacun d'entre nous à opérer une évolution – ou révolution – dans son rapport à la nature, aux animaux et à la planète.

À n'en pas douter, certains trouveront ces propositions trop radicales et audacieuses, d'autres les jugeront trop timides et frileuses. Peu importe : qu'elles soient surtout l'un des multiples déclencheurs de la réflexion qu'il est urgent de mener. Et, surtout, de l'action qui doit immédiatement en découler.

Je ne sais pas s'il fallait écrire ce texte. Finalement il ne dit rien de très original. Il contribue même un peu à la pollution par son existence même. Mais, face à la fin du monde, ne rien faire me semblait pire encore. Cet infime ouvrage s'inscrit dans un geste de « dernière chance », comme une supplique aux pouvoirs publics : ne pas considérer l'écologie comme la priorité majeure de ce temps relève du « crime contre l'avenir ». Ne pas opérer une révolution dans notre manière d'être relève du « crime contre la vie ».

Il est temps de regarder en face l'agonie de notre monde et d'être un peu sérieux.

LE CONSTAT

Nous faisons face à une situation sans précédent. L'avenir est en danger. Aucune espèce vivante ne s'était encore comportée comme les humains dans toute l'histoire de la Terre. La possibilité d'un futur fait maintenant question pour nous. L'enjeu est immense et multiple : il concerne tous les vivants et doit être pensé suivant le double prisme de l'espèce et de l'individu.

L'âge de la Terre est presque égal à la moitié de celui de l'Univers. Notre planète est vieille. Elle a connu une histoire tourmentée et mouvementée. De la condensation gravitationnelle des poussières primitives aux bombardements météoritiques intenses, ses débuts ont été agités. Mais la vie est apparue assez rapidement, il y a près de 4 milliards d'années. Au sein des sources chaudes, la matière a exploré cet état spécifique – peut-être singulier – si difficile à définir et pourtant si évident à identifier lorsqu'il se présente. On ne sait pas très bien ce qu'est la vie. On peut échafauder des définitions. Mais une vie extraterrestre satisferait-elle à ces définitions ? Et si ce n'était pas le cas, comment saurions-nous alors qu'il s'agit bien de vie ?

Beaucoup de magie et de mystère entourent encore le vivant. Ou plutôt : les vivants. Les chemins empruntés par la vie sont si diversifiés, inventifs, imprévisibles, qu'ils ne cessent de surprendre et d'émerveiller ceux qui les explorent. Des trésors d'ingéniosité et de beauté qui émeuvent autant qu'ils émerveillent sont quotidiennement découverts. Il n'est pas nécessaire d'aller en Antarctique observer les manchots : chaque mètre carré de prairie recèle des dizaines de spécimens d'insectes dont une simple loupe révèle la complexité de structure et la subtilité de comportement.

Cet immense édifice dont chacun de nous est l'un des membres, résultant d'une très longue et très lente évolution, est éminemment fragile. Et il est gravement menacé. Il est même déjà en train de s'écrouler.

L'humanité elle-même est touchée de plein fouet par les ravages dont elle est pourtant la cause. Une large moitié de la surface terrestre, regroupant plus des deux tiers de la population humaine, subit une telle perte de biodiversité qu'il n'est plus évident qu'elle puisse matériellement continuer à subvenir aux besoins des hommes.

Procédons à un rapide panorama lacunaire, partiel et désordonné. Commençons par regarder tous azimuts où nous en sommes.

La Terre est peuplée d'environ 10 millions d'espèces vivantes. Chacune est issue d'une histoire unique pleine de rebondissements et d'imprévus.

La sixième extinction massive de l'histoire de la Terre est en cours. Il n'y a plus de doute à ce propos. Récemment, deux chercheurs du CRNS ont analysé 13 000 articles publiés dans les plus grandes revues de biologie de conservation (impliquant plus de 100 000 scientifiques) et le résultat est parfaitement clair, sans aucun doute possible quant à la catastrophe en cours : la vie se meurt et la tendance actuelle est à l'accélération de ce processus déjà étonnamment rapide. Elle n'épargne aucun groupe, des oiseaux aux insectes en passant par les mammifères et les poissons.

En 40 ans, plus de 400 millions d'oiseaux européens ont disparu. Et, à l'échelle de la Terre, environ la moitié des populations d'espèces sauvages. Bien que certaines zones soient plus concernées que d'autres, la tendance à une diminution drastique se vérifie partout.

Les rapports du GIEC de la biodiversité

estiment que les disparitions d'espèces ont été multipliées par 100 depuis le début du XXe siècle. Et, en parallèle de cette alarmante atrophie de diversité du vivant, on note une diminution draconienne des populations. Même quand l'espèce n'est pas encore éteinte, les animaux se meurent. Depuis 1990, le nombre d'insectes volants a chuté de 80 % en Allemagne. Il ne reste que quelques milliers de guépards, le nombre de lions a été divisé par deux en 30 ans, les orangs-outangs sont en danger critique. L'hécatombe est d'une ampleur terrifiante.

La disparition d'une espèce, au sens strict, demande qu'il ne reste plus un seul spécimen la représentant, pas même dans un zoo. Bien que cette définition soit très restrictive, les disparitions sont nombreuses et leur rythme ne cesse d'accélérer. Mais ce n'est pas le critère le plus pertinent à ce stade : il y a surtout de moins en moins de vivants sur Terre. Cette « disparition de la vie » est parfois désignée par les scientifiques spécialistes comme un « anéantissement biologique ». Les populations s'effondrent. Certaines études concluent que le nombre de vertébrés a diminué de 60 % depuis 1970. La situation de beaucoup d'invertébrés est pire encore. C'est bien un crime de masse – à l'échelle du monde – qui est en train d'être perpétré en toute impunité.

Chaque année, la surface des villes progresse d'environ 400 millions de mètres carrés. La déforestation à des fins agricoles est plus inquiétante encore. À l'échelle mondiale, seul un quart des terres a échappé aux effets substantiels des activités humaines. Il n'en restera plus que 10 % dans 30 ans, en grande partie dans les déserts, montagnes et régions polaires.

La pollution tue environ trois fois plus d'humains que le sida. Elle cause environ 6 millions de morts par an et progresse notablement, en particulier dans les pays pauvres et les lieux en développement industriel rapide.

Le plus grand défi de l'histoire de l'humanité

Une bonne partie de la grande barrière de corail – un lieu à juste titre emblématique de la biodiversité – est en voie avancée de disparition. Les mangroves reculent rapidement. Des surfaces immenses de fonds marins sont dévastées pas l'exploitation minière.

La phénologie des végétaux est en plein bouleversement et contribue à l'effondrement de la diversité de la flore. Cette chute augmente en retour le réchauffement climatique : lorsque le nombre d'espèces diminue, la teneur en azote des sols augmente, ainsi que leur température moyenne. Les effets en cascade se multiplient.

Environ 1 000 milliards d'animaux marins sont tués chaque année. Lors de la remontée des filets, la décompression fait éclater la vessie natatoire, sortir les yeux des orbites et, souvent, l'estomac s'extrait par la bouche. Les survivants meurent lentement, asphyxiés ou écrasés, alors même que les capacités cognitives et sensorielles des poissons ne permettent plus de douter qu'ils ressentent la douleur. De nombreuses espèces sont menacées. Les filets de pêche raclent aujourd'hui 30 millions de kilomètres carrés d'eaux marines. Ils détruisent sans distinction et sans relâche.

Rien qu'en 2016, il y eut 40 millions d'heures de pêche industrielle effectuées par des navires ayant consommé 19 milliards de kWh et parcouru 460 millions de kilomètres (soit plus de 35 000 fois le diamètre de la Terre). Les trois quarts de la surface des océans sont concernés.

Les poissons d'eau douce disparaissent plus vite encore et le déclin des populations est estimé à environ 4 % par an.

Il semble que la biomasse du zooplancton soit également en chute rapide, avec des incidences majeures sur l'ensemble de la chaîne.

Que ce soit au niveau des espèces ou à l'échelle des individus, la vie sur Terre est donc en péril. Les humains représentent

0,01 % des créatures vivantes, mais ont causé 83 % des pertes animales depuis les débuts de la civilisation. Une situation génocidaire d'une ampleur sans précédent. Qui, de plus, commence à profondément nuire aux humains eux-mêmes.

La première cause de cette atteinte à la vie (puisqu'il ne s'agit pas que de la biodiversité au sens comptable) est certainement la disparition et le morcellement des espaces habitables pour les non-humains. Les animaux n'ont plus de lieux pour vivre. L'omniprésence de l'homme et de ses infrastructures est telle que certaines espèces diurnes vivent maintenant la nuit, pour se redonner un peu de liberté. L'expansionnisme humain démesuré est la cause première du déclin des autres formes de vie. Par exemple, 95 % des prairies d'herbes hautes d'Amérique du Nord et 50 % de la savane tropicale sont devenues des zones entièrement « humanisées ». La tendance s'accélère et se généralise presque partout.

Les autres causes d'effondrement du vivant sont également connues : des espèces invasives sont parfois introduites et leurs effets peuvent être létaux pour d'autres animaux, la surexploitation des ressources a des conséquences dramatiques, la pollution induit des effets dévastateurs à court et à long terme. Sans mentionner les effets « en chaîne » (l'extinction d'une espèce entraînant la disparition de celles qui en dépendaient vitalement). L'agriculture intensive joue également un rôle central dans la chute vertigineuse de la biodiversité.

Le dérèglement du climat n'est donc pas – tant s'en faut – le seul motif de préoccupation alarmant. Il n'en demeure pas moins un aspect essentiel de la catastrophe écologique en cours et il jouera un rôle de plus en plus important. Les dernières études publiées viennent corroborer ce qui est déjà su depuis longtemps : il y a bien un réchauffement climatique global et il est causé par l'homme (en termes statistiques,

Le plus grand défi de l'histoire de l'humanité

la probabilité que l'on se trompe dans cette assertion est inférieure à 0,0005 %). Cette évolution des températures est alarmante parce qu'elle se produit sur des échelles de temps beaucoup trop courtes pour que les organismes vivants puissent s'adapter comme ils l'ont parfois fait dans le passé. Nous sommes face à une singularité sans précédent.

Il est à ce jour délicat de quantifier précisément l'amplitude du réchauffement à venir. Mais les mises à jour successives vont dans le sens d'une aggravation par rapport aux premières estimations et un effet d'emballement n'est plus à exclure. Des réactions en chaîne incontrôlées vont prendre naissance et faire s'effondrer l'équilibre précaire du fonctionnement planétaire. Dans tous les cas, les conséquences se traduiront par une montée des océans, une fonte importante de la banquise et des calottes polaires, un engloutissement des îles et des villes côtières, des incendies fréquents et dévastateurs, des extinctions massives d'espèces dans toutes les branches du vivant, un développement notable de certaines maladies graves, une progression des cyclones, tempêtes et inondations, des pics de chaleur destructeurs associés à une avancée importante des déserts et une chute importante des populations animales.

Une étude récente suggère que la part de l'humanité soumise à des canicules potentiellement mortelles de plus de 20 jours s'élèvera à la fin du siècle à 74 %. La sécheresse qui a sévi dernièrement au Sahel est sans équivalent depuis au moins 1 600 ans. Les feux de forêt ont été multipliés par 4,5 en quelques décennies et on estime à plus de 300 milliards de dollars le prix des catastrophes météorologiques récentes aux seuls États-Unis. À l'échelle mondiale, l'apparition de nombreux réfugiés est inévitable.

Si l'on prend le seul exemple de ces réfugiés climatiques, que l'on évalue à environ 200 à 500 millions (peut-être plus)

Le plus grand défi de l'histoire de l'humanité

dans une trentaine d'années, il n'est pas difficile de cerner l'ampleur du problème : cette situation engendrera sans nul doute des guerres et des conflits majeurs à l'échelle planétaire. L'histoire ne laisse guère entrevoir d'autres possibles.

La température a dépassé les 51 degrés (à l'ombre) en Algérie durant l'été 2018, tandis que le minimum nocturne à Oman n'est pas tombé en dessous de 42 degrés sur un cycle entier de 24 heures. Deux ans auparavant, on mesurait 54 degrés au Koweït. À de telles températures, le corps humain ne fonctionne plus. Il détourne le sang vers les capillaires de la peau, rationnant les autres organes vitaux, le cerveau n'est plus alimenté. Le cœur pompe le sang jusqu'à épuisement.

Beaucoup de pays très peuplés sont en passe de devenir humainement invivables. C'est notamment le cas d'une grande partie de la Chine si l'on pousse la projection en 2070.

Les animaux subissent également ces

températures insoutenables et, malgré de grandes migrations, ils sont très largement décimés. Lorsque la température monte trop, certaines espèces usuellement « coopératives » deviennent « agressives ». Les comportements ne sont plus rationnels. Beaucoup d'oiseaux, de mammifères et de vertébrés n'ont plus que quelques décennies à vivre. La végétation est également touchée de plein fouet : un quart des espèces est menacé à court terme.

Le rythme des extinctions dans 30 ans sera de 100 à 1 000 fois supérieur à la normale.

L'ONU estime que si nous ne changeons pas de cap de façon radicale d'ici deux ans, nous allons devoir faire face à une « menace existentielle directe ». Les mots sont lourds de sens. Le système « planète Terre » étant non linéaire, il existe un certain nombre de paliers : si le prochain est franchi, même un ascétisme radical ne pourra plus inverser la tendance avant des temps considérables et des dégâts essentiellement irréversibles. De plus, l'ONU souligne que les objectifs affichés sont dramatiquement insuffisants. Ces objectifs ne sont eux-mêmes, pourtant, pas du tout atteints à l'heure actuelle.

Considérée sur les 50 dernières années, la concentration de CO_2 dans l'air ne se contente pas d'augmenter, elle s'accélère. Son niveau est sans commune mesure avec les variations naturelles observées depuis 800 000 ans.

Le dégel du permafrost libère du méthane qui induit un réchauffement climatique bien plus drastique encore que celui engendré par le CO_2.

En parallèle, la taille de « l'océan de plastique » dans le Pacifique atteint trois fois celle de la France métropolitaine et la dernière étude publiée stipule que la masse de ces 1,6 million de kilomètres carrés de déchets augmente exponentiellement. On estime que le plastique des mers tue environ un million d'oiseaux et 100 000 mammifères marins chaque année.

Au rythme actuel, la production de déchets va augmenter de 70 % dans les

30 prochaines années et représentera plus de 3 milliards de tonnes. Les effets sur la santé humaine et l'environnement sont dramatiques et paradoxalement beaucoup plus coûteux à traiter que ne le serait une réduction drastique des émissions de ces polluants. Environ 250 millions de tonnes de déchets plastiques sont, en ce moment, générées chaque année. Dans un autre registre, on utilise environ 800 000 kilogrammes de roche et de sable pour manufacturer du béton... à chaque seconde. Plus de 81 % des déchets ne sont ni recyclés ni compostés. La durée de vie d'une bouteille en plastique avoisine les 1 000 ans.

Dans les zones urbaines, 80 % de la population humaine est soumise à des niveaux de pollution qui ne respectent pas les recommandations de l'OMS et on note une augmentation de 8 % de cette pollution sur la période 2008-2013.

L'eau sale occasionne au niveau planétaire environ 5 millions de morts humaines par an et ses effets létaux sur les espèces et les populations animales sont en croissance rapide.

Chaque année, 80 000 kilomètres carrés de forêt disparaissent. Ce chiffre est en augmentation constante (la déforestation ne se contente pas de progresser, elle s'accélère, elle aussi). Au rythme actuel, les forêts primaires sont amenées à disparaître dans les dix prochaines années du Paraguay, du Laos et de la Guinée équatoriale. La décennie suivante devrait voir le phénomène s'étendre à plusieurs autres pays d'Afrique et d'Asie.

Il y a quatre siècles, les deux tiers de la surface terrestre (hors océans) étaient pourtant constitués de forêts.

Dans 70 % des forêts du monde, une lisière peut être trouvée à moins d'un kilomètre d'un point choisi aléatoirement.

Les émissions globales de CO_2 sont à nouveau reparties à la hausse depuis 2017 (y compris en France). Elles atteignent 41 milliards de tonnes par an et marquent un nouveau record historique. La possibilité d'augmentation du réchauffement climatique bien au-delà des prévisions, induisant par effet domino des réactions en chaîne incontrôlables, est maintenant considérée comme une hypothèse très sérieuse. Il semble que l'année 2018 révèle une… accélération de l'augmentation des émissions, alors qu'il faudrait une diminution de 40 % dans la prochaine décennie pour contenir l'élévation de la température à un niveau gérable. Si nous continuons sur la pente actuelle, l'élévation des températures sera voisine de 6 degrés dans un siècle, peut-être plus, menant à un désastre impossible à anticiper.

La très timide stratégie nationale « bas carbone » proposée en France en 2015 n'a pas, dès 2016, été respectée. Ni dans les transports ni dans les bâtiments.

Il existe environ 500 « zones mortes » dans les océans. L'oxygène y est trop rare pour que les organismes y survivent. Récemment, les études portant sur l'une

Le plus grand défi de l'histoire de l'humanité

des plus grandes d'entre elles – située dans le golfe du Mexique – montrent une expansion rapide causée par la pollution des fleuves qui se déversent dans la mer.

Les requins existent depuis plus de 400 millions d'années, mais 80 % d'entre eux ont aujourd'hui disparu et ils sont tous menacés.

Conjointement, il y a chaque année 89 millions d'êtres humains supplémentaires à nourrir.

La situation est, pour le moins, critique.

DES ÉBAUCHES D'ÉVOLUTIONS SIMPLES ET URGENTES

Un certain nombre de directions simples peuvent être esquissées et mises en place très rapidement, pour commencer à endiguer la catastrophe. Il est évident que leur application concrète dépend des circonstances spécifiques qui dépassent de loin le cadre de ce fascicule. Il est tout aussi évident qu'elles ont un « coût ». Il est néanmoins largement admis aujourd'hui que l'inaction aurait, même au sens purement économique, un coût bien plus élevé encore. L'enjeu auquel nous faisons face est immense, considérable, incommensurable à tout autre.

Le premier axe d'action, le plus essentiel, le plus simple, le plus impératif et le plus utile : *diminuer la consommation*. Une croissance exponentielle de l'utilisation des ressources n'est pas tenable éternellement dans un monde fini. C'est un fait. En physique, on nomme ce type de comportements des « instabilités ». Celles-ci mènent généralement au crash du système considéré. Consommer moins est une nécessité et constitue la clé d'un avenir possible pour éviter le « crash » du système Planète Terre.

Certaines formes de décroissance de la consommation s'accompagneront nécessairement d'une décroissance économique. Peut-être même parfois d'une perte de confort. Mais si elle devient létale – et c'est aujourd'hui le cas –, la croissance économique n'a plus ni sens ni intérêt. Elle confond le moyen et la fin.

Une question ouverte importante concerne les modalités de cette décroissance : initiative individuelle ou décision

Le plus grand défi de l'histoire de l'humanité

politique ? La première version demeure la plus souple et la plus douce. Les exemples sont innombrables : des climatisations utilisées de façon démesurée (et contribuant au réchauffement qu'elles tentent de parer) aux déplacements effectués seul en voiture, en passant par la suralimentation carnée, nos marges de progression sont immenses. Ce dernier point, alimentaire, est particulièrement intéressant. Migrer vers une alimentation végétarienne serait très bénéfique pour l'écologie : l'industrie de la viande est l'une des plus polluantes qui soient. Un kilogramme de bœuf demande 10 000 litres d'eau, une seule calorie de viande demande de 4 à 11 calories végétales, l'élevage émet plus de gaz à effet de serre que toute autre activité humaine – transports compris – et, en 2050, il sera la première cause de pénurie alimentaire dans le monde. Ce serait également bénéfique pour les humains : la diminution du recours à la viande entraîne, à l'échelle individuelle, une baisse des maladies cardiovasculaires, du diabète et de certains cancers. Si l'humanité optait pour une alimentation entièrement à base de végétaux, le taux de mortalité chuterait de 6 à 10 %. De plus, à l'échelle globale on pourrait nourrir beaucoup plus d'humains si nous nous alimentions sans viande (puisque les céréales utilisées pour nourrir le bétail pourraient alors être destinées aux hommes). Ce serait enfin évidemment bénéfique pour les animaux d'élevage dont les conditions de vie épouvantables sont souvent suivies de conditions d'abattage insoutenables. En France, des millions de porcs – animaux très sensibles – meurent chaque année de panique ou de mauvais traitements *avant* d'arriver à l'abattoir, 99 % des lapins ne connaîtront aucune autre existence que dans un minuscule clapier (ils n'auront pas une seule fois effectué le geste de base auquel ils sont destinés : bondir), 80 % des poules ne verront jamais la lumière du jour, etc. On tue à peu près 100 milliards d'animaux terrestres par an à des fins alimentaires.

Le plus grand défi de l'histoire de l'humanité

Il serait, par exemple, aisé que, dans un premier temps, une alternative végétarienne soit systématiquement proposée dans les cantines scolaires et professionnelles, dans tous les restaurants. Que les repas publics et gouvernementaux donnent l'exemple (voir de la viande servie aux déjeuners et dîners de la COP est proprement hallucinant). Qu'il ne soit plus *nécessaire* de recourir à une alimentation insensée. Mais même cette infime évolution est aujourd'hui encore problématique.

La seconde possibilité, une décroissance « imposée », n'est pas déraisonnable. Le politique et le juridique ont précisément le rôle de « relais » lorsque la responsabilité individuelle ne suffit pas. Nous sommes tous d'accord qu'inciter à ne pas commettre de meurtre n'est pas suffisant : il faut interdire le meurtre. La loi a pour rôle d'entraver certaines libertés individuelles qui nuiraient trop au bien commun. Et elle préserve ainsi, en réalité, les libertés essentielles. N'est-il pas temps d'inclure également les impératifs écologiques dans ce bien commun ? Certains comportements irresponsables du point de vue climatique – ou d'une façon générale nuisible à la vie – ne doivent-ils pas être interdits ? C'est partiellement déjà le cas, mais de façon très lacunaire. Ne faut-il pas aller plus loin et plus vite ? Les entreprises sont protégées par un droit riche et complexe, n'est-il pas urgent de protéger la Terre ?

Il n'est bien entendu pas question d'instaurer une dictature verte ! Au contraire. Il s'agit tout simplement de se donner les moyens d'éviter le pire, de considérer que la vie a une valeur supérieure à l'argent. Qu'elle mérite d'être protégée. Et de réapprendre, dans ce cadre, une liberté qui ne soit pas destructrice de la nature qui, en réalité, la rend possible. Il n'est question que de conjurer une autocontradiction ubuesque et bientôt criminelle. Nous ne sommes pas libres de torturer, de violer, de mutiler nos semblables. Heureusement. Pourquoi sommes-nous libres de détruire le monde et de décider que nos enfants ne pourront pas y vivre ? Donc de les tuer. Faut-il se battre pour que nous conservions la liberté de nier la vie ?

L'infime privation de liberté qui résulterait d'un peu de décence imposée dans nos comportements n'est-elle pas justifiée par l'immensité de ses bienfaits ? Notre quotidien est évidemment nervuré de privations de libertés, pourquoi le plus essentiel, le plus vital, le plus irremplaçable échappe-t-il à une protection par la loi ? Si nous ne réagissons pas, nous ne serons bientôt plus libres de sortir de chez nous en été (à 50 degrés, le corps ne fonctionne plus) et bientôt plus libres d'exister. N'est-ce pas une privation plus « dramatique » que le petit effort qui permettrait aujourd'hui d'éviter nos actions les plus radicalement nocives ? Nos biens sont protégés pas la loi, est-il acceptable que la vie ne le soit pas ?

Cette question essentielle (choisir entre initiative privée ou obligation publique) se pose pour tous les axes suggérés. Mais le fait est que l'argumentation rationnelle induit très rarement l'action rationnelle à l'échelle individuelle. C'est pourquoi les structures politiques doivent se saisir à bras-le-corps de ces questions et jouer leur rôle en imposant ce qui doit l'être. Si elles se montrent incapables de nous sauver, à quoi servent-elles ? Tandis que les lobbies patronaux européens semblent s'organiser en ce moment même pour déjouer les objectifs, pourtant modestes, de réduction des émissions de gaz carbonés, nos élus ne pourraient-ils pas prendre leurs responsabilités et prouver qu'ils nous dirigent effectivement, si c'est encore le cas ?

Actuellement, seul 0,02 % du territoire français est réellement protégé. C'est extrêmement peu. La disparition rapide des lieux de vie est une cause essentielle de l'effondrement des populations animales et de la disparition des espèces. L'expansionnisme humain se fait au détriment des autres vivants et a atteint un niveau critique. Alors même que de nombreux hommes et femmes

Le plus grand défi de l'histoire de l'humanité

sont mal logés, se dessine donc ici un défi fondamental, impossible à relever sans un partage des richesses (en 2018, les groupes du CAC 40 ont totalisé 100 milliards d'euros de profit) et une vision plus raisonnée de notre place au sein de la nature. Il me semble incohérent de continuer à voir les espaces non encore « humanisés » comme vierges (au sens où ils seraient inconditionnellement « disponibles »). Ils ne le sont pas. Bien au contraire, de nombreux habitants non humains les peuplent. Il y a donc urgence à mettre un frein radical à l'étiolement des lieux non humanisés. Dans l'attente de mutations plus profondes, les aires marines protégées, ainsi que les réserves naturelles terrestres qui constituent les derniers remparts contre l'effondrement de la biodiversité, doivent être multipliées, étendues et mises en réseau.

Les effets dévastateurs de la pollution concernent de nombreuses espèces animales, mais également les humains. On estime que le nombre de décès prématurés dus à la pollution frôle les 5o ooo par an en France. C'est un chiffre considérable qui vient d'ailleurs d'être revu à la hausse, la pollution tuerait aujourd'hui plus que le tabac. Pourquoi ce drame n'engendre-t-il pas un « état d'urgence environnemental » ? N'est-ce pas, d'un point de vue purement rationnel, ce qui devrait constituer la priorité réelle de l'action publique ?

Le rôle des automobiles est loin d'être négligeable et il est évidemment nécessaire d'en diminuer drastiquement l'utilisation. Il peut s'ensuivre une perte de confort pour certains ou une véritable difficulté pour d'autres. Tout changement des habitudes de vie exige des efforts. Ils doivent être pris en charge par la collectivité et évidemment pas par ceux qui sont déjà en difficulté. Lorsque l'écologie s'oppose au social, elle se suicide. Et échoue. Pour autant, il n'est plus possible de poursuivre dans l'usage débridé des véhicules individuels, couplé à un transport des marchandises encore très largement routier. Par des incitations

Le plus grand défi de l'histoire de l'humanité

fiscales comme par des interdictions légales (incluant évidemment les exceptions justes et surtout le déploiement de solutions alternatives), l'hécatombe engendrée par la pollution de l'air – qui n'est bien sûr pas exclusivement due aux voitures – doit être enrayée. Elle a tué 750 fois plus que le terrorisme, en France, pendant les quatre dernières années (ce qui n'excuse évidemment rien de celui-ci) et contribue, au-delà des rejets de CO_2 et de particules, à rendre l'espace invivable pour l'ensemble des vivants. Mais il est essentiel, une fois de plus, que l'évolution ne soit pas socialement injuste. Les bonnets rouges et les gilets jaunes ont fait reculer les gouvernements. La mise en place de mesures qui reviennent à permettre aux plus riches de ne rien infléchir de leur comportement tout en imposant des évolutions très difficiles aux plus pauvres ne peut pas fonctionner et n'est pas souhaitable. Il faut reconnaître que nous nous sommes collectivement trompés dans notre modèle et nous devons prendre collectivement en charge les solutions. C'est à ceux qui en ont les moyens de financer la transition. Non seulement parce que c'est certainement juste d'un point de vue éthique, mais aussi parce qu'elle ne pourra pas avoir lieu autrement d'un point de vue pratique.

Des véhicules électriques – moins puissants, moins rapides et revendiqués comme tels – sont une piste possible à très court terme, mais ils ne doivent pas servir uniquement à délocaliser la pollution hors des villes (l'électricité qu'ils utilisent doit bien être produite quelque part), ce qui aurait l'effet pernicieux de masquer pour un temps la triste réalité. Il est maintenant certain que leur coût deviendra inférieur à celui des automobiles à essence dans quelques années. C'est sans doute une bonne nouvelle, mais il y a un autre risque : que cela entraîne une recrudescence de l'utilisation des voitures ! Il faut aller au-delà de ces microajustements et organiser durablement le territoire

Le plus grand défi de l'histoire de l'humanité

pour nous extraire de la dépendance à l'automobile.

Il est indispensable de généraliser les transports en commun et de favoriser les solutions les moins consommatrices en ce domaine. Les pistes cyclables sont naturellement bienvenues (et ne constituent pas un simple amusement pour « bobos » : l'utilisation généralisée de l'automobile même pour des courtes distances, comme c'est actuellement le cas, est intenable). La politique fiscale doit cesser de défavoriser le train qui demeure le moyen de transport le moins polluant sur une large gamme de distances. En particulier, je pense qu'il est important que l'exploitation du rail reste entre les mains d'une entreprise publique, non guidée par le profit, afin que les lignes non rentables demeurent ouvertes et soient entretenues.

Le trafic aérien est également une cause majeure de pollution et ne doit sous aucun prétexte devenir un moyen de transport « usuel » pour les marchandises.

Le transport maritime a aussi un coût environnemental considérable et c'est pourquoi le choix de produits locaux doit prévaloir. Le tourisme pèse de plus en plus lourd dans la mauvaise santé de la planète et des restrictions pourraient être envisagées en ce domaine. Il n'est plus possible de tout sacrifier aux seuls impératifs économiques ou au seul hédonisme irresponsable de ceux qui ont les moyens de passer leurs vacances à l'autre bout du globe. D'autres vérités, bien plus fondamentales, sont en train de se rappeler à nous.

L'impératif de changement qui s'impose aujourd'hui est aussi une chance d'explorer un nouveau rapport au réel, enrichi de multiples possibles, derrière son ascétisme de façade. Il n'est peut-être pas nécessaire de faire 10 000 kilomètres en avion pour découvrir des animaux merveilleux, des paysages insoupçonnés et des humains sidérants. Toute une magie mystérieuse de l'ici est sans doute à réapprendre, pour le meilleur. Avant de désirer parcourir la

Le plus grand défi de l'histoire de l'humanité

planète pour découvrir l'altérité a-t-on seulement pensé à parler avec son voisin de palier ? Avons-nous seulement commencé à regarder vraiment les animaux et les arbres qui nous entourent ?

On ne doit en aucun cas faire fi des aspects sociaux et plus généralement humains. Ils sont indéfectiblement liés à une écologie cohérente. Ils ne sont pas une préoccupation « secondaire » annexée à la première : ils en sont fondamentalement solidaires. Sans doute faut-il redessiner notre manière d'habiter le monde. On ne peut plus continuer sur la lancée actuelle, même en usant de prouesses technologiques. On ne peut plus autant se déplacer. On ne peut plus autant renouveler. On ne peut plus autant gaspiller. On ne peut plus autant tuer. Nous n'avons pas vraiment d'autre choix que d'accepter cette évidence. Mais, évidemment, il ne saurait être question de « sacrifier » quiconque. Seule une authentique solidarité humaine – au-delà des effets d'annonce – peut conduire à une (r)évolution satisfaisante. À l'échelle globale, nous vivons dans un monde où quelques personnes possèdent autant que la moitié de la population mondiale. C'est insensé et intenable. Presque obscène.

Au niveau des matériaux, l'utilisation du plastique est particulièrement problématique et doit être fortement diminuée, jusqu'à être interdite. Se passer des pailles et des Coton-Tige plastifiés ne va pas suffire : ce genre de mesures symboliques aurait pu avoir un sens il y a 30 ans, nous n'en sommes plus là. En Inde, l'état du Maharashtra (Bombay compris) a totalement proscrit le plastique. Le Costa Rica va le proscrire sur l'ensemble de son territoire d'ici à 2021. La loi visant à interdire, en France, l'usage des objets en plastique à usage unique a été repoussée : l'urgence n'est pas comprise par le pouvoir politique. Pensant être « raisonnable » dans sa lenteur et sa tempérance apparentes, il précipite en réalité l'effondrement et l'advenue de catastrophes irréversibles.

Le plus grand défi de l'histoire de l'humanité

L'usage abondant de pesticides ne se contente pas de tuer les espèces visées. Elle occasionne aussi la mort de nombreux oiseaux qui ingèrent les insectes concernés, provoquant un impact notable sur les populations animales. De plus, cela induit, pour les humains, des cancers et des malformations fœtales. Les alternatives « biologiques » sont connues et, outre un effet immédiatement bénéfique sur l'environnement, elles sont économiquement favorables aux agriculteurs. Il est urgent de les privilégier par une politique très volontariste en ce domaine, qui n'est actuellement pas mise en œuvre malgré la forte demande des consommateurs, en augmentation constante. Sans accompagnement, il en résulte nécessairement un surcoût et ce type de mutation doit donc être adossé à des mesures concrètes de subventions, pour les consommateurs comme pour les agriculteurs. L'enjeu n'est pas un détail, il touche à la sauvegarde des sols dévastés par l'agriculture intensive. Mieux encore, il est sans doute temps d'opérer une véritable révolution dans notre construction d'un avenir commun. La transition écologique authentique ne peut pas ne pas se joindre, *a minima*, à un infléchissement économique. Il n'est pas possible de stopper la destruction en cours sans rien changer de nos modes d'échange. Il n'y aura pas de « miracle », pas d'invention scientifique de dernière minute pour sauver le monde. Et, de toute façon, il n'est pas envisageable de ne rien changer. Un enfant meurt toujours de faim toutes les 6 secondes : même si le climat allait bien, l'humanité n'irait pas bien.

Concernant la question propre au changement climatique, qui est intimement liée aux précédentes, quelques évolutions simples, en plus de celles déjà esquissées et ayant également une influence sur le climat, peuvent être suggérées. Outre l'incontournable diminution de la consommation – de gré ou de force –, il faut d'une part améliorer l'efficacité énergétique à usage constant et, d'autre part, favoriser de façon urgente une migration vers des énergies non carbonées (hydraulique, solaire, éolien, biogaz, biomasse, géothermie, etc.).

Un gain très substantiel concernant l'efficacité est à chercher du côté d'une rénovation thermique généralisée des bâtiments. Une importante marge de progression est ici possible, il ne s'agit pas d'un *green washing*.

La transition vers des sources d'énergies non fossiles relève de la pure responsabilité gouvernementale et s'inscrit dans le long terme. Une révolution a déjà eu lieu : le solaire, par une diminution exponentielle des coûts, est devenu la source de production d'électricité la moins chère au niveau mondial (moins chère que le pétrole, le gaz, le charbon et le nucléaire). Malheureusement, la France a pris beaucoup de retard en la matière. Il faut en effet plusieurs décennies pour renouveler les installations de production d'électricité et le chantier doit donc être accéléré sans plus tarder. En Europe, il faut fermer immédiatement les centrales à charbon, puis diminuer l'utilisation des centrales à gaz. Des enjeux associés au stockage apparaîtront, mais ils ne sont pas centraux pour les quinze prochaines années. Il s'agit enfin de développer les sources de production d'énergie pour des usages non électriques, essentiellement liés à la chaleur. Pour cela, il convient d'accélérer le développement des biogaz à partir des déchets ménagers, agricoles et végétaux, et l'utilisation de la biomasse pour la production de chaleur, sans utilisation néfaste à la biodiversité[1].

De plus, au niveau purement économique, depuis le rapport Stern et au vu des coûts exorbitants du changement climatique, il devient clair que l'inaction face à cette réalité est bien plus coûteuse que la transition énergétique. Il est même

---

1. Ces arguments sont en partie dus à une étude de Freddy Bouchet, directeur de recherche au CNRS.

Le plus grand défi de l'histoire de l'humanité

raisonnable de penser que le coût de la mutation sera négatif. Il existe cependant, à ce jour, des freins économiques liés à l'incapacité du système financier à tenir compte des effets d'investissements sur des échelles de temps longues. Les économistes de l'environnement s'accordent pour demander un bouleversement des outils afin qu'ils permettent de mobiliser l'investissement vers la transition énergétique, sans que l'effort n'affecte d'aucune manière les plus pauvres.

Par ailleurs, il est indispensable d'accompagner par un effort collectif les réorientations professionnelles qui résulteront de ces changements afin que personne ne souffre du virage écologique. Ceux qui devront changer de profession, parce qu'on ne peut pas continuer à l'identique, n'ont pas à en faire les frais. L'effort doit être partagé.

De grands chantiers sont à l'étude. Le pacte Finance-Climat, par exemple, propose que la BEI (Banque européenne d'Investissement) devienne une Banque du Développement durable et finance à taux zéro la transition énergétique (conjointement à la création d'un impôt européen sur les bénéfices). L'ADEME (Agence de l'Environnement et de la Maîtrise de l'Énergie) estime qu'il pourrait s'ensuivre une création nette de 900 000 emplois et que l'évolution irait également dans le sens des recommandations du FMI (Fonds monétaire international) puisqu'il s'agirait d'un assainissement financier qui réorienterait la création monétaire hors de la spéculation.

L'Europe (qui est, sur les 200 dernières années, le plus gros pollueur de la planète) a l'occasion de créer, avec l'Afrique, un axe de transition écologique exemplaire. Alors même que l'idée d'Europe est aujourd'hui désenchantée – comment pourrait-elle ne pas l'être après le triste épisode de la Grèce abandonnée et humiliée, après le traitement inhumain des réfugiés syriens ? –, alors que son économie n'est plus compétitive par rapport à celle des États-Unis ou de la Chine, n'y a-t-il pas ici la possibilité d'une innovation majeure et enthousiasmante à l'échelle planétaire ? Si l'Europe peut encore être leader quelque part, c'est ici, et c'est tout sauf un détail !

Nous sommes au cœur de la plus grande crise de notre histoire et l'enseignement primaire, secondaire et supérieur semble, pour l'essentiel, l'oublier. Il n'y a aucun sens à l'aborder « à la marge ». Il n'y a aucun sens à relater la catastrophe écologique comme un fait « parmi d'autres ». Nous devons apprendre aux jeunes générations la véritable gravité de la situation : en 40 ans, 70 % de la vie sur Terre a disparu, alors même que les effets du réchauffement climatique n'ont pas commencé à se faire réellement sentir. Nous leur devons la vérité sans fard. Il est indispensable que l'école et l'université soient résolument tournées vers la conjuration de cette hécatombe et la mise en lumière de ses origines. Mais il ne peut s'agir de se contenter de demander aux générations suivantes de faire les efforts que nous avons négligés et d'avoir les idées que nous n'avons pas même cherché à avoir. Il faut que des enseignements centraux et exigeants accompagnent une mutation à engager immédiatement. Sans quoi ils ne feront que renforcer une forme de dissonance cognitive dans l'écart entre ce qui est su et ce qui est fait. Sans quoi, tous les autres enseignements ne feront qu'évoquer un monde déjà presque mort.

Il est essentiel que nous opérions un virage à 180 degrés, j'y reviendrai dans le chapitre suivant. On ne peut plus mener une politique qui favorise la « croissance » consumériste. Cela revient – littéralement – à se dire que face à un corps drogué et dépendant, nous allons augmenter les doses de substances hallucinogènes et mortifères. Cela peut, un court instant, masquer la pathologie, mais la mort n'en sera que plus rapide et douloureuse. C'est une question de sérieux. Les « doux rêveurs » ne sont pas, ici, les écologistes, mais ceux qui pensent pouvoir défier les lois fondamentales de la nature. Et leur rêve devient notre cauchemar. Cette inversion de la croissance ne signifie évidemment pas une perte de qualité de vie ou un renoncement aux progrès de la médecine. Évidemment.

Les « petits gestes » du quotidien pour améliorer un tant soit peu les choses sont bien connus :

– moins de déplacements motorisés ;

– moins d'achats sur les sites aux pratiques peu responsables qui tuent les commerces de proximité et échappent souvent aux impôts nationaux ;

– moins d'achats en grande surface ;

– moins de produits transformés ;

– choix privilégié des produits locaux ;

– moins de viande ;

– plus de « bio » pour ceux qui en ont les moyens ;

– moins de chauffage et de climatisation ;

– des économies d'eau ;

– une baisse de l'usage des produits chimiques ;
– moins de déchets ;
– boycott des emballages en plastique ;
– plus de tri ;
– plus de partage ;
– plus de mise en commun des ressources ;
– moins de renouvellement des objets techniques ;
– plus d'achats d'occasion ;
– choix de la réparation plus que du changement ;
– boycott des entreprises aux pratiques sociales violentes ;
– respect des habitats animaliers.

Ils sont évidemment souhaitables et doivent être mis en œuvre par tous. Mais ils ne vont pas suffire, car ils viennent un peu tard. Il faut que l'État fasse du respect de la vie sa priorité absolue et que les citoyens n'envisagent même plus de choisir pour représentant quiconque ne s'engagerait pas sur cette voie.

Le plus grand défi de l'histoire de l'humanité

Au niveau politique, de nombreuses mesures urgentes sont « évidentes » :

– incitation à un infléchissement des modes de production industriels par une définition de la fiscalité fondée sur l'impact environnemental (pénalisation radicale des emballages polluants, de l'utilisation des énergies carbonées quand il y a des alternatives, etc.) ;

– information régulière et systématique des citoyens via les canaux publics (télévision, journaux, radio) sur l'évolution des données locales et globales concernant la Terre (émissions de CO_2, températures, hectares de forêts perdus, fonte des glaces, pollution de l'air, etc.) ;

– révision du modèle agricole pour favoriser les exploitations raisonnables – sans pesticide – dans le respect des hommes et des sols (la biologie contre la chimie) ;

– relocalisation de l'économie et développement des transports en commun publics au détriment des véhicules particuliers ;

– application et renforcement des lois de sortie des hydrocarbures ;

– lutte réelle contre l'évasion fiscale et taxation des revenus du capital pour financer les évolutions écologiques ;

– défense d'authentiques services *publics* tournés vers le bien-être commun ;

– extraction d'une « économie de la gestion » au profit d'une « politique de l'accueil » (en particulier au sein des hôpitaux, EHPAD – le malade n'est plus aujourd'hui le centre d'un système de santé qui se déshumanise – et lieux d'enseignement) ;

– interdiction légale des comportements irresponsables de mutilation de la Nature et de la vie ;

– mise en place d'une politique économique solidaire avec un réel partage des richesses ;

– obligation d'une traçabilité des produits industriels et transformés ;

– endiguement de l'urbanisation galopante et réquisition des logements durablement inhabités ;

Le plus grand défi de l'histoire de l'humanité

– abandon de la politique « nataliste » globalement intenable ;
– enseignement de la crise écologique et les solutions possibles dès l'école primaire et de façon approfondie ;
– encouragement autant que possible de l'alimentation végétarienne, voire végane ;
– création de larges « sanctuaires » de la faune et de la flore sauvage, incitations fiscales aux terres « vierges » ;
– arrêt de la construction de nouveaux axes routiers ;
– abandon des techniques de pêche industrielle dévastatrices ;
– mise en place d'une action massive de dépollution des océans ;
– augmentation du nombre d'espèces protégées et application des interdictions associées ;
– accompagnement financier des reconversions professionnelles induites par la transition écologique.

Une guerre contre la fin du monde doit être menée, de façon urgente et volontaire.

Elle n'a pas encore débuté.

Il n'y a pas lieu de distinguer l'écologique du social. Ils relèvent du même geste : une pensée du commun osant déconstruire le mythe mortifère d'un humain qui n'est pleinement lui-même que dans l'exercice d'une oppression prédatrice sur ses semblables et son environnement. L'un et l'autre s'articulent à une vision du multiple, du bigarré, du lien, du partage. L'un et l'autre inventent une ontologie plurielle.

Il est souvent argué qu'il suffit de taxer drastiquement les entreprises les plus polluantes pour résoudre globalement le problème. Si c'est évidemment nécessaire, c'est malgré tout insuffisant. Les entreprises ne sont pas déconnectées du réel. Elles produisent ce que nous achetons. Elles reflètent également nos attentes. Si certaines (et pas les moindres) ont des attitudes socialement et écologiquement irresponsables, c'est aussi parce que nous les cautionnons en choisissant ce qu'elles proposent. Elles répondent à une attente qu'elles contribuent à créer. Il faut aborder la question de façon globale et en incluant l'ensemble des aspects locaux et globaux. Oui, les vêtements vendus en France à des prix dérisoires en grande surface ou sur Internet sont souvent produits dans des conditions humaines et environnementales déplorables. S'il ne faut plus en produire, il ne faut pas non plus en acheter. Mais ce n'est possible que si une redistribution réelle des richesses permet à chacun d'accéder à autre chose ! Les différentes dimensions du problème ne peuvent pas être dissociées.

Il est aussi notable que l'action locale peut être plus souple, rapide, pertinente et adaptée aux spécificités territoriales que la vision nationale. Il est donc essentiel que les communes mettent également en place un plan d'urgence écologique et que nos choix de maires soient inconditionnellement assujettis à cet impératif. Même si le commerce du centre-ville en souffre un peu... L'enjeu est majeur.

Les pistes de progression possibles à court terme sont donc innombrables et elles ne nécessitent pas un chamboulement drastique de notre système économico-politique. Elles ne sont pas si complexes à mettre en œuvre par rapport à l'importance sidérante de l'enjeu et à la gravité extrême de la situation. Beaucoup d'autres combats sont à mener, mais si celui-ci échoue, plus aucun autre ne pourra être entrepris !

L'ÉVOLUTION PROFONDE

Au-delà des « rustines » précédemment esquissées, je pense qu'une évolution plus profonde, plus radicale, plus révolutionnaire, est nécessaire.

Une des causes essentielles de l'inaction vient de la controverse sur les causes du désastre. Chacun a son analyse. L'origine évidente est pour les uns le capitalisme, pour les autres la démographie, pour d'autres encore la religion, etc. Le fait est que nous ne nous mettrons jamais d'accord sur les causes. Autrement dit : si nous attendons que la grande cause (sachant que chacun pense avoir identifié ce qu'elle est) soit traitée en profondeur avant d'agir, nous n'agirons jamais. Si l'on choisit, par exemple, le néolibéralisme comme origine majeure de la catastrophe (ce qui a du sens), faut-il attendre le « grand soir » pour passer à l'action ? Il est peu probable que celui-ci survienne rapidement et ce serait donc suicidaire : la fin du monde aura lieu avant ! Pour une fois, je crois qu'il faut renverser l'ordre usuel et s'attaquer aux conséquences – la négation de la vie et de l'avenir – avant de s'attaquer aux causes. Agissons. Agissons maintenant en ciblant les effets et nous verrons bien quel système permet d'y parvenir. Commençons par la fin et cela éclaircira l'origine. Sans aucun doute, la mutation devra être profonde.

Il est vital que l'écologie soit la *priorité absolue* de tout pouvoir politique. Il faut que nous nous engagions solennellement à ne plus élire quiconque ne mettrait pas en œuvre des mesures fermes, claires, concrètes pour éviter la « fin du monde », en s'opposant, chaque fois que nécessaire, aux lobbies et aux pouvoirs financiers. Ce n'est pas une mince affaire, ce n'est peut-être plus même véritablement possible dans le système économique mondial actuel. Et si tel est le cas, il faut le changer, ou périr. Il ne devrait même pas y avoir de ministre de l'Écologie. Il devrait être le Premier ministre ! Le Président ! L'écologie est notre « ligne de vie ». On ne peut pas exister loin de sa ligne de vie. La nature ne relève pas d'un ministère : elle est le nom de notre monde.

Parfois, je lis qu'il ne s'agit que de la fin d'un monde et pas du monde, qu'il ne s'agit que de la fin (possible) de l'humanité. Mais c'est une analyse assez contradictoire. Soit on considère que le monde n'est pas constitué des seuls humains – ce qui est raisonnable – et il est alors faux de clamer que seule l'humanité est en danger : si nous allons à la catastrophe, nous entraînerons avec nous une quantité proprement astronomique d'animaux qui sont bel et bien réels ! Soit on considère que le monde n'est fait que des humains – ce qui est assez fou, mais banal – et alors il s'agit bien de la fin du monde. Dans les deux cas, la correction n'a pas de sens.

Engageons-nous à harceler le pouvoir politique pour l'obliger à agir suivant la seule priorité rationnellement acceptable. Montrons sans relâche que la rigueur n'est pas du côté des apôtres de l'*hubris* dogmatique d'une consommation irréfléchie.

Les évolutions précédemment suggérées sont relativement simples et en partie consensuelles. Elles relèvent d'une évolution presque mineure, ce qui me semble en réalité bien insuffisant.

Récemment, le message d'une écolière suédoise – très médiatisée depuis – refusant de suivre ses cours a été largement diffusé.

Le plus grand défi de l'histoire de l'humanité

Elle expliquait qu'il n'y avait aucun sens à envoyer les enfants à l'école étudier et préparer leur avenir alors que nous sommes en train d'ignorer le message scientifique le plus clair et le plus important de notre histoire, obérant par là même la possibilité de cet avenir. Elle a raison. En Belgique – et ailleurs – des manifestations de lycéens s'organisent autour de la même angoisse.

Plusieurs révolutions fondamentales sont sans doute à effectuer à l'occasion de cette urgence écologique.

La première consisterait à se réapproprier le politique. Il y a plusieurs sens à « politique ». Disons d'abord *politikos* – originellement, le vivre ensemble et l'organisation de la Cité –, puis *politeia* – la structure de fonctionnement, l'institution –, et enfin *politikè* – la pratique du pouvoir. Suivant tous ces axes, un immense travail est à effectuer. Peut-être l'urgence écologique obligera-t-elle, pour le meilleur, à rénover en profondeur notre démocratie moribonde.

Face à la tragédie en cours (rappelons que même la très prudente ONU évoque ce qu'un grand journal canadien résume par « un génocide environnemental prévu »), l'appel à la responsabilité individuelle ne suffit pas. Les humains sont faibles – même par rapport à leurs propres critères – et ont tendance à abuser des possibles qui leur sont offerts. Mais nous avons précisément inventé la politique pour affronter cette faiblesse. Nous n'avons souvent pas la force de nous restreindre, mais nous avons celle d'accepter – voire de demander – une loi qui nous restreigne. Aussi paradoxal que cela puisse paraître, c'est là que l'action est possible face à l'urgence. Il faut que la loi intervienne pour enfreindre les velléités individuelles qui ne sont plus compatibles avec la vie commune. Ce n'est pas ici le lieu de dresser une liste exhaustive des mesures, mais les comportements aux conséquences « trop nocives » ne manquent pas. Doit-on

Le plus grand défi de l'histoire de l'humanité

les tolérer avec fatalisme et contempler les dégâts irréparables avec regret ?

Nous avons depuis longtemps – et fort heureusement – accepté, par exemple, que le droit ne nous permette pas de porter atteinte physiquement à quiconque nous déplaît. Sans doute faut-il accepter également qu'il nous empêche de trop contribuer à détruire globalement la vie terrestre – humaine et non humaine.

Il nous apparaît qu'en dépit de son aspect « coercitif », une évolution législative plus contraignante quant à l'interdiction des comportements « contraires à la vie » tendrait *in fine* vers une liberté accrue. En interdisant l'excès mortifère, ce sont autant de chemins d'enrichissement et d'apaisement qui s'ouvriront. En interdisant à un homme de conduire en état d'ébriété, on restreint sa liberté de l'instant, mais on lui ouvre la possibilité d'un futur. Il est temps de nous empêcher de piloter le monde en état d'ébriété écologique. L'interdiction peut prendre une forme « dissuasive douce », par exemple avec des taxes rédhibitoires, mais il faut alors prendre garde que le droit de polluer ne devienne pas une simple question de niveau de richesse.

Décroître – au sens de l'exploitation industrielle – me semble être rationnel et indispensable. Mais nous ne parlons que de décroissance matérielle. Il n'est pas question de freiner la production intellectuelle, l'amour, la créativité. Mettre fin à un emballement technocratique qui confond la fin et les moyens, qui fait de la surproduction une visée – et non un accident –, ne relève finalement que du bon sens et de la redécouverte de valeurs élémentaires ou ancestrales. Il s'agit de réinventer la continuité. Il s'agit de réapprendre la beauté non évidente. Il s'agit de ne plus penser les animaux et végétaux comme des ressources, mais comme des entités

Le plus grand défi de l'histoire de l'humanité

ayant sens en eux-mêmes, avec lesquels il est évidemment possible d'interagir, mais hors de la logique réificatrice qui prévaut aujourd'hui. D'aucune manière il n'est question d'interdire les évolutions ou de renoncer à des avancées signifiantes.

Il n'y a pas d'argument mathématiquement inébranlable pour nous pousser à opérer la révolution écologique. Le mot « écologie » est lui-même trop étroit. C'est plutôt de *biophilie* – d'amour de la vie – qu'il faudrait parler. De même que le mot « environnement » est trop anthropocentré : c'est bien de la nature qu'il s'agit et pas seulement de ce qui nous entoure. Il n'est pas question de trouver la « vérité » ou « le bien ». Ce serait trop simple. Il ne s'agit que d'un choix contre un autre. Il ne s'agit que de décider si nous préférons sauver des vies ou des biens, des espèces ou un système, un avenir ou un instant. Tout est là.

Il est clair que dans un marché mondialisé, un pays qui prendrait la décision de freiner sa croissance se mettrait en difficulté par rapport à ses voisins. Il sera de la responsabilité des États de se mettre d'accord sur un infléchissement mondial, collectif et raisonné. Est-ce absolument impossible ? Je ne sais pas, mais c'est indispensable. On ne peut plus se permettre de ne pas faire ce pari. Nos représentants sont précisément là pour gérer ces difficultés autour de la table des négociations. S'ils s'en montrent incapables, ils n'ont plus aucune utilité fondamentale. Si nous décidons que « c'est impossible », nous choisissons explicitement la mort. Presque toutes les grandes civilisations qui se sont effondrées étaient prévenues de leur effondrement, mais se sont révélées incapables de se transformer. Réussirons-nous là où elles ont échoué ? Si tel n'est pas le cas, nous entraînerons beaucoup d'otages dans notre chute. Bien sûr, il faudra changer aussi le cœur du système, mais je crois que

Le plus grand défi de l'histoire de l'humanité

cela viendra par la suite. On ne peut plus se permettre d'attendre qu'il s'agisse d'un préalable.

Tout n'est pas compatible avec tout. Il faut cesser de faire croire que la lutte contre le dérèglement climatique et la pollution, pour la préservation des espèces et des populations animales, contre la progression rapide de zones humainement « inhabitables » dans beaucoup de pays pauvres est compatible avec une croissance perpétuelle devenue une véritable religion. Ce n'est pas le cas. On ne peut pas échapper aux lois de la physique. On ne peut pas ignorer les leçons de l'éthique. Il faut faire des choix. Et le choix que nous opérons maintenant est le plus important de l'histoire de l'humanité et peut-être de l'histoire de la Terre.

Il n'est pas possible de concilier une consommation excessive des ressources (dans les pays riches) avec un espoir d'avenir alliant biodiversité, respect de la vie humaine et absence de catastrophes écologiques. La question n'est pas de savoir s'il nous plaît de l'entendre, mais de comprendre comment nous tiendrons compte de ce fait.

Un seul exemple parmi tant d'autres : une importante partie des avoirs des grandes compagnies pétrolières se présente sous la forme de brut non encore extrait. Si l'on veut éviter un emballement climatique catastrophique, il est aujourd'hui acquis que ce pétrole ne doit en aucun cas être massivement utilisé. Ces entreprises sont donc, suivant la logique de l'évidence, déjà en faillite. Sauf à sacrifier l'humanité. On ne peut pas ne pas changer de cadre pour penser un monde vivable. Il est temps d'être conséquent.

L'avenir que nous appelons devrait aussi s'accompagner d'une redéfinition philosophique de notre rapport à l'étranger, à

Le plus grand défi de l'histoire de l'humanité

l'animal et à la nature. L'Europe n'a pas su accueillir les Syriens fuyant la guerre. La catastrophe humaine est immense. Comment pouvons-nous imaginer faire face aux centaines de millions de réfugiés climatiques à venir ? L'autre doit-il continuer d'être pensé *a priori* comme l'ennemi ? Comme le « si lointain » qu'il n'a rien en commun avec ce « nous » fantasmé ? La famine tue 25 000 humains chaque jour tandis que nous jetons dans le même temps 3,5 millions de tonnes de nourriture. Cela ne nous empêche pas vraiment de dormir. Il faudrait enfin devenir de vrais patriotes : des membres fiers de la grande « patrie des vivants ».

J'ignore pourquoi il est si complexe de faire preuve d'un peu de mesure. Un salaire minimum – qui assurerait une vie décente à chacun – et un salaire maximum – qui freinerait les folies de certains – ne sont-ils pas, par exemple, une sorte d'évidence pour une société mature ?

Une sérénité sociale retrouvée constituerait certainement la prémisse bienvenue d'une pérennité environnementale. Mais nous choisissons l'existence assumée d'une pauvreté extrême pour les uns et d'une richesse démesurée pour les autres, même en France, et cela dans un étrange climat de suspicion face à toutes les différences (ethniques, éthiques, religieuses, etc.). Ce n'est pas un ordre naturel, ce n'est pas une donnée inéluctable, c'est un choix sociétal que nous opérons. Il peut être infléchi, c'est à nous seuls d'en décider.

Par ailleurs, nous savons aujourd'hui que beaucoup d'animaux souffrent comme nous, qu'ils ont une « conscience » (au sens le plus fort de ce mot) comme nous, qu'ils ont peur comme nous. Nous le savons et nous les décimons pourtant comme jamais ils ne l'ont été dans l'histoire. Faut-il d'ailleurs absolument qu'ils nous ressemblent pour que nous les aimions et les respections ? Le « crime contre la vie » perpétré

Le plus grand défi de l'histoire de l'humanité

chaque jour par une humanité plus prédatrice – et de très loin – qu'aucune espèce ne le fut jamais dans l'histoire de la Terre, peut-il perdurer indéfiniment ? Allons-nous continuer à l'assumer ? N'est-il pas temps de cesser de faire comme si les vivants non humains étaient des objets alors que nous savons qu'ils ne le sont pas ? Nous traitons rigoureusement les animaux comme des choses. Unilatéralement, nous avons décidé que la Terre serait l'enfer pour nombre des vivants qui la peuplent. Nous tuons vraisemblablement chaque mois plus d'animaux qu'il n'a existé d'êtres humains dans toute l'Histoire.

La « nature » est, elle aussi, souvent pensée sous le seul prisme de ce qu'elle « rapporte », de ce qu'elle nous « dispense » (comme le furent les peuples colonisés). Peut-être serait-ce l'occasion de la penser *pour elle-même*. Faut-il continuer à voir les lieux que nous investissons comme étant « à disposition » ? Tout un écosystème subtil y préexiste. Il n'est pas une simple ressource. Il ne doit plus être ainsi perçu. Il vaut pour ce qu'il est et non pas pour ce qu'il nous donne. Le problème de la mort massive des animaux et des végétaux est presque toujours présenté du point de vue de ses effets négatifs (souvent réels) sur la vie humaine. Mais n'est-il pas *en lui-même* catastrophique ? Le monde existe indépendamment de son rôle pour notre confort. La « loi du plus fort » n'est pas seulement éthiquement indéfendable, elle se retourne presque toujours contre celui qui en abuse.

Certains pays commencent à donner des droits à des rivières ou à des forêts. D'un point de vue juridique, elles peuvent être représentées de différentes manières (par exemple, par un individu désigné ou par toute personne décidant de porter plainte en cas d'atteinte). C'est une piste intéressante qui mérite d'être explorée. À condition qu'elle ne soit pas une simple

Le plus grand défi de l'histoire de l'humanité

poudre aux yeux et que les États aient encore un véritable pouvoir face aux entités supraétatiques qui aujourd'hui gagnent en puissance.

Les parcs nationaux, aussi utiles soient-ils pour sauver quelques bribes de diversité, je l'évoquais précédemment, constituent également l'archétype d'une aberration conceptuelle. Ils soulignent à quel point les humains ont artificiellement décidé que la « nature » ne faisait plus partie de leur monde. Elle n'aurait plus droit d'être qu'au sein de sortes de super « parcs d'attractions » sous leur contrôle. C'est toute cette logique aberrante qu'il s'agit de renverser.

Le défi que nous avons à relever concerne donc aussi une mutation de nos *valeurs*. L'obligation dans laquelle les pays riches se trouvent de réapprendre un certain « ascétisme tendanciel » au niveau matériel n'est pas forcément une mauvaise nouvelle. Qu'il s'agisse du partage avec les humains en situation plus difficile, de la redécouverte d'une proximité avec les vivants non humains ou de l'extraction d'une forme de folie matérialiste mortifère, un immense espace de vie et de création s'ouvre à nous à cette occasion. Le Danemark a ouvert une voie potentiellement prometteuse en dispensant des cours d'« empathie ».

Cette perspective est réjouissante. Mais l'exigence qui y est associée est immense. Se penser dans la continuité des autres vivants, dans une logique de coopération plutôt que de compétition, dans une éthique de connivence plutôt que de concurrence, exige une déconstruction profonde de certains fondamentaux de nos prismes sociaux.

Peut-être la mutation à mettre en œuvre pourrait-elle apparaître comme localement violente. Cette réserve doit être doublement nuancée. D'abord parce que la violence n'est pas intrinsèquement mauvaise. Quand elle s'oppose à une oppression radicale, quand elle met fin à un génocide, elle est, de fait, justifiée. Ensuite, parce qu'il serait évidemment nécessaire de travailler la construction du ressenti de la violence. Une vitre brisée peut sembler localement plus violente que les fraudes fiscales, les pollutions intenses ou les pressions extrêmes exercées sur ses salariés par l'enseigne visée. À raison ?

Tout repose sur un pari : celui de la primauté de la vie. On pourrait décider qu'il vaut mieux laisser le système se crasher et tout détruire sans état d'âme. Après tout, si un événement majeur n'avait pas frappé la Terre il y a 65 millions d'années, nous ne serions sans doute pas là et les grands reptiles régneraient à notre place : parfois, il est des accidents bienvenus. Le problème de cette vision cynique du « laisser-faire le massacre » tient à ce qu'elle oublie que les espèces sont constituées d'individus. L'extinction des espèces ne résultera que de la mort douloureuse d'un nombre incalculable d'individus. Ce ne sont pas alors des statistiques qui diminueront, mais des vivants qui expireront. La souffrance peut-elle ne pas être prise en compte ? Derrière « la vie », il y a les vivants. Tout est là. Ce ne sont pas des idées qui vont devoir – par notre choix – tenter de survivre à l'effondrement : ce sont des personnes.

Un excellent article du *Monde* daté du 10 janvier 2019 dresse le bilan écologique de l'actuel gouvernement français. Le très beau travail journalistique a le mérite de montrer la complexité du problème et l'imbrication des contraintes. On y découvre des avancées et des reculs, des lueurs d'espoir et des régressions puissantes. Mais c'est justement cette dissémination – jusqu'à la marginalisation – de la question vitale qui n'est plus possible aujourd'hui. La vie est à elle-même son propre but, elle n'est pas un accessoire.

Le plus grand défi de l'histoire de l'humanité

Je pense qu'il n'y a finalement besoin ni d'une rupture intellectuelle majeure au sens strict, ni de l'invention de concepts radicalement nouveaux, ni même d'un retour en arrière (les chasseurs-cueilleurs d'un passé très ancien décimaient très souvent la macrofaune sans vergogne). Nous avons tout l'arsenal philosophique pour penser le défi, il faut maintenant agir. Le cœur de l'inflexion, au niveau « théorique », pourrait se résumer comme suit :

– Trouver ou retrouver une certaine « sacralité » de l'autre, humain et non-humain. Vivre engendre nécessairement un impact parfois négatif sur d'autres vivants. Il ne s'ensuit aucunement que tout est autorisé ou bienvenu. Si la nuisance semble ponctuellement légitime ou acceptable, le geste qui l'engendre doit être suturé de gravité et de solennité. Il ne peut pas être anodin ou léger. Une éducation aux conséquences – directes et indirectes – de nos actions assurerait sans doute une mise en cohérence de nos comportements avec des convictions éthiques déjà largement partagées.

– Hiérarchiser nos désirs et intentions. Il est certainement inévitable que nous soyons traversés de tensions. Certains de nos plaisirs heurtent parfois nos valeurs. Il est urgent de ne plus refouler ces contradictions. Elles doivent être affrontées et discutées.

– Travailler à redéfinir nos indicateurs et nos cadres d'évaluation (si tant est qu'ils soient nécessaires). Il n'est pas possible d'accompagner une évolution profonde si nous restons prisonniers de critères (économiques, sociaux, politiques, etc.) d'un autre temps. La décroissance économique peut être vue comme une immense croissance intellectuelle, hédoniste, humaniste et écologiste. Elle n'est *pas* une régression.

– Valoriser la baisse du temps de travail et de la production matérielle au profit d'activités culturelles, relationnelles, créatrices, etc. Penser en matière de « pouvoir de vie » plus que de « pouvoir d'achat ».

Le plus grand défi de l'histoire de l'humanité

– Réenchanter un rapport au réel qui s'extrait de la fuite en avant purement technocratique, consumériste et matérialiste en accordant une connotation favorable à ce qui s'éloigne de la logique de prédation. Chaque bribe de réel est un abîme de complexité et d'étrangeté. Il y a de l'inconnu et du sublime hors des lointains voyages « touristiques » et des instruments de réalités « virtuelles ».

– S'astreindre à un peu de sérieux et de raison. On ne peut plus laisser l'avenir du monde aux lobbies du pétrole et aux grands groupes financiers. Ils sont structurellement orthogonaux à la vie en elle-même. Le pouvoir politique n'a cessé de s'étioler au profit du pouvoir économique. S'il lui reste un infime degré de consistance et de puissance, c'est aujourd'hui qu'il doit le prouver.

– Oser accepter la continuité. Les savoirs ancestraux comme les découvertes scientifiques récentes soulignent, de façon incontestable, la continuité fondamentale qui existe entre les vivants. Les fantasmes de ruptures (en particulier entre « l'homme » et « la nature ») qui ont été artificiellement introduits sont lourds de conséquences catastrophiques.

– Définir le cadre juridique qui permette la plus grande liberté individuelle possible sans que l'exercice de celle-ci ne contribue à détruire la vie sur Terre, c'est-à-dire sans qu'elle nie le fondement de ce que nous sommes.

– Éduquer les jeunes à l'immensité du « plus grand défi de l'histoire de l'humanité » et leur donner les outils intellectuels pour inventer des solutions dont nous ne percevons même pas encore aujourd'hui la possibilité.

– Tenter de rompre avec la suffisance intellectuelle qui pousse si fréquemment à considérer « l'autre » comme un ennemi et « l'incompris » comme un danger. Qui ne peut envisager le moindre ailleurs, qui ne peut questionner ses propres certitudes. Il faut endiguer le développement de ce climat de haine et de suspicion généralisées.

— Comprendre que le changement nécessaire est immense, mais qu'il peut advenir pour le meilleur, au-delà de la question écologique. Il doit également être économique et social, et il n'y aura aucun salut sans une révision drastique de toutes les inventions (parce qu'il ne s'agit pas d'un « donné » naturel et inévitable) du capitalisme moderne.

— Revendiquer un futur qui ne soit ni la répétition d'un passé archaïque ni la triste survie dans un Anthropocène dévasté. Autrement dit : tenter l'expérience authentique d'un être-à-la-vie coopératif, symbiotique et commensaliste, comme le sont la grande majorité des relations dans la nature.

Rien de tout cela ne me semble littéralement compatible avec la société industrielle contemporaine. Ce n'est pas une posture idéologique, c'est une conclusion logique.

Il n'est plus exagéré de considérer qu'aujourd'hui nous entrons dans une période de catastrophe planétaire. Bien sûr, la Terre continuera de tourner autour du Soleil. Des formes de vies perdureront. Peut-être même que l'humanité (via les plus aisés) réussira à survivre à cette crise. Mais, privée d'une grande partie de sa diversité biologique, privée de milliards d'humains et de milliards de milliards d'animaux, privée de ce fragile équilibre atteint après une très lente et complexe évolution, que serait notre planète ? Serait-elle encore « le monde » ?

En grec ancien, deux mots peuvent être utilisés pour désigner la vie : *bios* et *zoé*. Le premier se réfère essentiellement au mode de vie commun à un groupe. Le second correspond à la vie en elle-même. Sans doute faut-il aujourd'hui inventer une véritable « zoéthique » : une pensée de la vie pour elle-même, sans l'assujettir à une attente ou une valeur supérieure.

Le plus grand défi de l'histoire de l'humanité

Il faut un récit, une histoire et une iconographie de la révolution écologique. Il faut qu'elle soit un désir et pas une triste contrainte. Si elle est ressentie comme une thérapeutique face à la – bien réelle – pathologie qui touche notre monde, le combat est perdu d'avance.

L'humain (comme sans doute d'autres animaux également) est un être de symbole. *Homo symbolicus*. Il est fasciné, structuré, construit par ses symboles. Il fait des mondes avec les symboles. Il invente des langages symboliques, il en sacralise certains et en fait déchoir d'autres. Se trouver au volant d'une berline surpuissante alors que la vitesse est limitée n'est pas, en soi, un motif de bien profonde exaltation. Pourquoi cela peut-il le devenir néanmoins ? Parce que nous conférons à une telle possession une immense puissance symbolique.

C'est là que l'effort primordial doit porter. Renverser la valeur symbolique de ce qui est encore positivement connoté, mais qui, en réalité, devrait être vu comme une faiblesse – voire une violence. Quand les objets fièrement exhibés ou les attitudes activement revendiquées ont un impact très évidemment nuisible sur d'autres humains, sur d'autres vivants, sur la possibilité d'un futur, il est de notre seul ressort de leur conférer une portée emblématique dépréciative. Il est temps que la fierté change de camp. Ce n'est pas impossible. Il y a quelques décennies, un manteau de fourrure était très favorablement connoté. Il est aujourd'hui – à juste titre – péjorativement perçu comme le signe d'une indifférence à la souffrance occasionnée.

Nous sommes des créateurs de mondes[1]. Nous construisons des mondes par nos systèmes symboliques. Et nous avons tout pouvoir sur ceux-là. Nous sommes

---

1. C'est une idée que l'on trouve, par exemple, développée par le philosophe Nelson Goodman.

démiurges en la matière, sans contrainte économique ou financière. Que choisirons-nous de valoriser ? Quels seront les marqueurs dont la charge symbolique – professionnelle, sexuelle, sociale, esthétique, éthique... – sera méliorative ? Il n'est pas question de « culpabiliser » certaines attitudes (même s'il n'est pas aberrant de considérer que tout n'est pas acceptable en termes de conséquences de nos choix), mais, au contraire, de valoriser un autre être-vers-l'avenir et toute sa chaîne référentielle. Si les symboles changent, les attitudes changeront sans délai : nous agissons, en grande partie, pour plaire.

Le faste décomplexé, la richesse obscène, l'égocentrisme prédateur, la figure du mâle possédant fier de son insouciance, sont immensément ringards aujourd'hui. Il est temps de faire savoir le ridicule de ces postures et de valoriser une certaine humilité responsable.

Pour un « droit à l'errance », pourrait-on proposer, en parodiant Isabelle Eberhardt, la grande arpenteuse du désert, une errance forte et noble, tout à l'inverse des codes actuels qui favorisent un individu rapidement conformé au système plutôt que la construction subtile d'un système à l'image des désirs des individus.

Il me semble que cette nouvelle symbolique serait également humainement souhaitable. Elle permettrait enfin de donner du sens à ce qui ne relève pas de la domination sociale et qui, aujourd'hui, semble hélas ! prévaloir. Un pull de coton fabriqué dans des conditions décentes peut être plus « beau » qu'une veste de cuir griffée. C'est à nous d'en décider. C'est purement contractuel. Nous sommes maîtres de ce que nous trouvons désirable et le regard engendre immanquablement une évolution dans le sens de ce qu'il approuve. Nous sommes faits, disait Beckett, « des mots des autres », mais également du regard de l'autre. Si la conduite d'un 4×4 devient un marqueur de délinquance environnementale plutôt que de réussite sociale, les choix changeront. Et l'enjeu porte au-delà de l'écologie : il s'agit également d'inventer une nouvelle axiologie, de nouvelles « valeurs » qui permettent à la fierté de n'être plus l'apanage des (seuls) possédants, des surconsommateurs. Nous aimons être aimés et c'est là que doit porter l'effort : décider – ou comprendre – que l'aimable n'est pas celui que l'on croyait. Et cela, aucun lobby n'a les moyens de nous empêcher de le faire.

Il ne s'agit certainement pas d'instituer ou d'instaurer un « ordre moral » rigoriste, rigide et autoritaire. Tout au contraire. Il s'agit justement d'explorer des pistes nouvelles, manifestement inévidentes, qui ne s'opposent d'aucune manière à une immense liberté déconstructrice. Tous ceux qui pensent hors de l'ordre peuvent nous servir de guides. Notre vieille éthique étriquée n'est plus opérante face aux douleurs réelles et aux violences effectives.

Le nouveau mythe doit s'écrire rapidement. Dans une fulgurance qui n'est pas sans risque. Il ne peut qu'être en rupture avec un certain héritage occidental cartésien rêvant l'homme « maître et possesseur de la nature », mais pas nécessairement avec l'ensemble des ramifications passées de l'histoire humaine. Le mythique s'articule au symbolique et au praxique, irrigué de scientifique et de politique.

Le mythe est littéral. Il signifie ce qu'il dit. Il n'est ni une légende, ni un conte, ni une métaphore. Il est le nom de monde pour ceux qui le vivent. Aujourd'hui, le héros de ce nouveau monde, ne peut plus être Achille et sa colère ou Ulysse et sa ruse. Ni même Orphée et sa lyre. Moins encore Agamemnon et ses reîtres. Aujourd'hui, le héros ne peut-être qu'un hybride.

Le plus grand défi de l'histoire de l'humanité

Un homme-animal qui se sait beaucoup plus et beaucoup moins que cet homme-Dieu fantasmé par notre folie arrogante. Peu importe que le récit se transmette par narration autour du feu ou par diffusion sur les réseaux sociaux. Il suffit qu'il commence et s'achève dans la continuité communielle des vivants que nous avons perdue.

Il n'y a plus rien de « subversif » à prôner la jouissance prédatrice qui nous caractérise déjà. Sans doute l'évolution darwinienne a-t-elle naturellement sélectionné ces caractères et si la pensée exploratoire a bien un sens, c'est aujourd'hui celui de dépasser ce tropisme viscéral.

On sait que certains mécanismes physiologiques fondamentaux à l'œuvre dans notre cerveau ne poussent pas à la prévoyance à long terme. Sauver l'avenir ne génère pas beaucoup de dopamine. C'est sans doute pourquoi il faut marteler que le désastre est déjà en cours et ne relève pas d'une projection à long terme et, d'autre part, prendre profondément conscience de ce que nous faisons également face à l'opportunité enthousiasmante de recréer radicalement le monde.

Il ne suffit pas de diminuer la consommation énergétique. C'est nécessaire, mais cela ne suffit pas. Encore faut-il user correctement de l'énergie à disposition. On peut dévaster allègrement avec peu d'énergie…

Il serait erroné de penser le problème actuel en termes de carence à suppléer. C'est, au contraire, la gestion de l'excédent et l'extraction d'une logique de la fructification permanente qui est le cœur de l'enjeu. (Ce qui ne nie évidemment pas l'existence incontestable de manques criants de ressources dans certaines régions.)

S'il s'agit de sauver la civilisation industrielle telle qu'elle existe, le combat n'a aucun sens, aucun intérêt. Ni aucune chance de succès. Il n'est question que

Le plus grand défi de l'histoire de l'humanité

de tenter d'éviter d'immenses douleurs, d'interminables agonies et des extinctions en cascade. L'enjeu n'est pas de sauvegarder le monde tel qu'il est, déjà bien abîmé et manifestement très violent. Si le désastre qui vient n'était que la perte de l'hégémonie humaine ou l'effondrement de la technosociété de surpollution, il ne serait sans doute pas un problème. Mais derrière les mots, il y a des êtres. Des milliards de milliards de vivants bientôt en détresse vitale, en souffrance ininterrompue, en angoisse insoutenable. C'est ici que le cynisme de la « catastrophe heureuse » s'épuise. Il n'est donc pas question de sauver un système ni même l'humanité en tant qu'abstraction. Il n'est question que de savoir si les êtres réels et incarnés – que nous connaissons, que nous croisons, que nous aimons– vivront un enfer ou traverseront l'expérience d'une existence au sens propre. Il n'est donc question que d'éviter un peu la mort, parce qu'après tout, c'est la définition même de la vie.

Aurélien Barrau

L'enjeu est politique, philosophique, économique, poétique, écologique, éthique et, en un sens, cosmologique. Nous pouvons tout perdre ou gagner un réel réenchanté. N'ayons pas peur d'une véritable révolution, rien ne serait plus irrationnel et suicidaire que la poursuite à l'identique d'un être-au-monde qui, manifestement, nie le monde.

QUELQUES QUESTIONS

Je propose ici des réponses succinctes à quelques objections ou interrogations qui m'ont été adressées récemment.

Vous considérez-vous comme exemplaire dans vos comportements ?
– Loin de là. Je n'ai de leçons à donner à personne et je ne me pose évidemment *pas* en exemple. Je n'échappe pas à certains des symbolismes nuisibles que je dénonce. À dire vrai, je profite de cette réflexion – heureusement – pour me poser les questions que je soulève. Je suis végétarien, je ne mets jamais les pieds dans

un supermarché, je favorise l'alimentation biologique et locale, je refuse les longs voyages pour de courtes durées, etc. Il y a quelques points positifs. Mais pour le reste, ma marge de progression est considérable. J'ai récemment fait des efforts réels, mais beaucoup reste à améliorer ! Je crois que c'est justement parce que je fais l'expérience de ma propre faiblesse que je plaide pour des mesures politiques qui dépassent la simple bonne volonté individuelle. Une fois encore, il n'est évidemment pas question de prôner un stalinisme écologique comme certains l'ont prétendu ! Bien au contraire. Je me définirais d'ailleurs volontiers comme étant plutôt libertaire. Mais il est question, de la même manière que nous ne pouvons heureusement pas nuire trop fortement à autrui, de s'assurer que nous ne puissions pas détruire trop facilement la vie sur Terre. Ça me semble tout de même raisonnable.

Nous ne sommes pas libres d'agresser un passant dans la rue. C'est une restriction de liberté. Mais, grâce à celle-ci, nous pouvons sortir de chez nous sans être inhibés par la peur. Globalement, c'est donc une mesure qui préserve la liberté ! De même, je pense que les lois de préservation de la vie, de la Nature et du climat iront dans ce sens. Si rien n'est fait, nous subirons des privations de liberté considérables à cause de l'effondrement. Il me semble évident que de petits efforts imposés permettant d'empêcher cette catastrophe jouent en réalité dans le sens de la liberté. Et je suppose que lorsqu'un nouveau rapport au réel sera devenu évident, la dimension législative ne sera plus nécessaire.

Au niveau des mentalités quelles seraient, selon vous, les évolutions les plus importantes ?
– Sans doute le plus important est-il de ressentir la jubilation qui accompagnerait l'inflexion. Cesser de détruire peut être absolument jouissif. Il ne s'agit pas que d'éthique, mais aussi de plaisir. Je crois qu'il est possible de découvrir une véritable

sublimité dans notre « dés-extraction » de la Nature. En réalité, cela ouvre beaucoup plus de possibles que ça ne ferme de portes.

Plus prosaïquement, j'ai été peiné récemment. Suite à notre appel, il y a eu naturellement beaucoup d'enthousiasme, mais aussi beaucoup de critiques. Celles-ci sont inévitables et en principe bienvenues. Mais j'ai constaté que tout est bon pour ne rien faire. Certains trouvent le discours inaudible parce que ne contestant pas assez le capitalisme, d'autres le trouvent inaudible parce que contestant trop le capitalisme ; certains pensent la proposition inacceptable parce que ne demandant pas assez à l'initiative individuelle, d'autres la trouvent indigne parce que trop culpabilisante, d'autres la jugent trop (ou pas assez) politique, etc. Bien sûr, il est sain que chacun ait son analyse propre et la défende. Mais enfin, face à l'immensité de la question, du défi, ne pourrait-on pas plutôt s'allier pour sauver la vie et se quereller plus tard sur des sujets moins graves ? Privilégions l'action.

Faisons-le. Diminuons drastiquement nos émissions de CO_2, cessons d'envahir tous les espaces vierges, sauvons les forêts... et nous verrons bien quel système émergera.

De par mon métier de physicien, et mon goût affiché pour la philosophie, je suis plutôt favorable à ce que l'on coupe les cheveux en quatre. La nuance et la subtilité sont toujours bienvenues. Mais face à l'urgence extrême, il est aussi sain et digne, je crois, de ne pas le faire trop systématiquement et cyniquement.

Au niveau des gestes quotidiens, comment pouvons-nous concrètement agir ?
– Je ne suis évidemment pas le mieux placé pour donner des réponses rationnelles à ces questions. Mon avis est partagé sur le bien-fondé des « petits gestes » précédemment évoqués (trier les déchets avec attention, ne pas utiliser de gobelets en plastique, isoler son logement, etc.). D'un certain point de vue, ça peut être une manière commode de s'acheter une bonne

conscience en ne réduisant que marginalement notre impact réel. D'un autre côté, c'est souvent ainsi que les consciences s'éveillent et, en attendant mieux, il s'agit déjà un premier pas utile et nécessaire. Il est hélas un peu tard pour un réveil en douceur…

Ce qui me semble clair, en tout cas, c'est que nous avons des marges de progression très larges sur le plan alimentaire (en réduisant la consommation carnée et en privilégiant le bio quand on le peut), sur celui des transports (en choisissant le train quand c'est possible ou les déplacements « partagés » en automobile quand c'est nécessaire), sur notre propension à remplacer plutôt qu'à réparer, sur nos usages parfois immodérés de la climatisation ou du chauffage, sur nos choix touristiques (pour ceux qui ont la chance d'en avoir les moyens), etc.

Il faut, je crois, intégrer le fait que même si elle est légale, même si nous avons la capacité à « payer » pour cela, notre consommation souvent peu scrupuleuse a un impact fort sur les autres vivants : elle ne regarde pas que nous, tout est là. Le « chacun fait ce qu'il veut » n'a aucun sens : nous habitons la même planète et les actes de chacun ont des conséquences pour tous.

Beaucoup de gens vous demandent d'entrer en politique, allez-vous le faire ?
– Non. Ce serait une contradiction dans les termes : si ma parole a eu quelque portée ou crédit, c'est précisément parce que je n'étais pas dans cette sphère. Si les discours que j'ai pu prononcer en divers lieux l'avaient été à des fins électoralistes, ils auraient perdu instantanément leur valeur.

De même que j'ai refusé – et continuerai de le faire – l'immense majorité des invitations médiatiques. Non par dédain ou mépris, mais parce que le piège consiste à faire du « médium » une fin en elle-même. Il faut demeurer, ici, dans une certaine ascèse. Et laisser l'essentiel de l'espace aux véritables spécialistes. Intervenir quand on a vraiment quelque chose à dire.

Et, au-delà, je n'ai pas la santé pour affronter la violence de l'invective publique. J'ai déjà goûté quelques consternantes conséquences d'une infime visibilité. Je préfère garder du temps pour la science et la poésie. L'argumentation rationnelle ou polémique doit être dispensée avec parcimonie.

Pensez-vous qu'il faille déconnecter la question écologique de la question économique ?
– Dans un premier temps, je pense qu'il faut parer à l'urgence. Chacun peut avoir son analyse, mais si on attend une révolution politico-économique pour commencer à agir, il sera tout simplement trop tard. Je pense que la question de la vie peut transcender les divergences de vues économiques. Face au « zoocide » en cours, il devrait être possible de s'accorder sur l'essentiel, indépendamment de nos sensibilités. Libéral ou communiste, je ne connais

Le plus grand défi de l'histoire de l'humanité

personne qui puisse se réjouir de l'atrophie de la forêt amazonienne ou de l'augmentation de la pollution parisienne. Peut-être pourrait-on, exceptionnellement, être un peu raisonnable et mettre les antagonismes de côté pour sauver ce qui peut l'être, pour ne pas tuer l'avenir avant qu'il n'éclose.

Personnellement, je pense néanmoins que le néolibéralisme n'est pas compatible avec une écologie profonde et authentique, avec un respect réel de la vie dans sa diversité et sa fragilité. Je pense que la mutation écologique doit aussi être une mutation sociale. Que ça ne peut durablement fonctionner qu'en remettant également en cause la concentration indécente des richesses et la fascination pour l'accumulation des biens.

Pouvez-vous prendre des engagements concrets de changements que vous allez mettre en œuvre à partir de maintenant ?
– Je ne souhaite pas m'engager publiquement. Mais oui, en attendant les mesures politiques que j'espère, il serait bienvenu de

prendre les devants. Je me suis séparé de ma voiture, que j'utilisais d'ailleurs peu (tout le monde n'a pas la chance de pouvoir s'en passer, je le sais bien). Professionnellement, je ne pense plus accepter d'aller à des conférences trop éloignées quand je peux l'éviter, car l'impact du voyage est considérable au regard du bénéfice de l'échange. Sur le plan alimentaire, je vais tenter de passer presque exclusivement au bio, local et largement végane. Sur ce dernier point, je suis parfaitement conscient qu'un étudiant qui peine à joindre les deux bouts, par exemple, aura du mal à faire de même. C'est pourquoi il me semble important que la politique – en particulier fiscale – aide à ce que les comportements plus responsables ne soient pas réservés aux plus aisés.

Avez-vous peur de ce qui va advenir ? Êtes-vous optimiste ?
– Oui, j'ai peur. Il est difficile aujourd'hui de marcher en forêt sans avoir les larmes aux yeux en pensant à ce qui est en train

d'advenir. Même si nous arrêtions toute destruction à cet instant, il y aurait tant de dégâts déjà faits et de souffrances endurées... Et la situation continuerait de s'aggraver pendant longtemps encore.

Je ne suis pas très optimiste. Quand on regarde le spectacle politique, tout cet engouement autour de futilités... On discute pendant des jours, dans les plus grands médias, à propos de la personnalité d'un ministre et du bon goût (ou non) de la photo d'un président en déplacement, on disserte sur l'image de telle ou telle secrétaire d'État, on s'interroge sur la bonne manière d'incarner, d'exprimer, d'expliquer le pouvoir, les institutions, etc. Tout cela me semble tellement futile. Il n'est pas rare qu'un responsable politique soit interviewé pendant des heures sans que la question écologique soit même abordée. Un peu comme si nous étions en pleine guerre et que nous parlions de tout sauf de la guerre ! Notre avenir est dans une situation critique, la vie est menacée dans beaucoup de ses modalités et le sujet est parfois… oublié !

Je ne sais pas si nous serons capables de mesure et de tempérance. J'ai parfois l'impression que c'est impossible, et trop antagoniste à ce que nous sommes. J'espère me tromper.

Il y a quelques motifs d'espoir. Par exemple, en France, l'industrie parvient assez bien à tenir les objectifs de baisse des émissions de CO_2. Mais l'évolution globale est encore tournée dans la mauvaise direction. Nous n'en sommes pas à accélérer l'amélioration, nous en sommes à tenter d'inverser la dégradation.

Y a-t-il un sens à effectuer une transition en France si le reste du monde ne suit pas ?
– Oui. Nous apprenons à nos enfants que l'éventuelle inconséquence de leurs amis n'est évidemment pas une raison suffisante pour justifier qu'ils s'adonnent, eux-mêmes, à des comportements agressifs ou irrespectueux.

Le plus grand défi de l'histoire de l'humanité

Au-delà de la valeur d'exemple, nous avons aujourd'hui l'opportunité de construire un axe écologique Europe-Afrique qui ne relèverait plus du symbole, mais d'un véritable lieu d'expérimentation à l'impact notable.

Croyez-vous qu'un miracle technologique peut nous sauver ? Que le « génie scientifique humain » trouvera une solution ?

– Je n'y crois pas une seconde. Naturellement, la technologie peut aider. Il est tout à fait évident qu'en matière de diminution des émissions de gaz à effet de serre, certains progrès technologiques peuvent amoindrir quelques effets néfastes. Mais il ne faut surtout pas perdre de vue que la seule véritable solution est la baisse de la consommation – ce qui ne veut *pas* dire la baisse des avancées intellectuelles, culturelles, esthétiques, scientifiques, etc. Il n'y a pas d'énergie propre. Il ne suffit pas qu'elle soit estampillée « verte ».

Croire qu'un miracle technologique salvateur surviendra me semble indéfendable pour plusieurs raisons. D'abord, parce que les dégâts sont déjà en cours, le mal est en train de se faire. Même si un retournement imprévu avait lieu dans 50 ans, il y aurait déjà eu un nombre incalculable de vivants sacrifiés et cela n'est pas rien. Ensuite, parce que, sur le plan scientifique, je ne vois absolument aucun indicateur qui laisse espérer un tel miracle. Y croire relève d'un acte de foi, certainement pas d'une analyse rationnelle. Enfin, quand bien même nous irions coloniser Mars comme le suggèrent certains (ce qui est littéralement irréaliste à mon sens), il n'y aurait évidemment que très peu – d'heureux – élus !

La technologie n'est pas un détail. Elle peut beaucoup. Elle fait partie intégrante de notre monde. Mais la question qui est ici abordée est d'une tout autre nature et d'une tout autre mesure.

Le plus grand défi de l'histoire de l'humanité

Le traitement médiatique de la crise est-il suffisant ?

– Il est indigent. Faire porter le chapeau aux journalistes est un peu trop facile et c'est une grossièreté dans laquelle je ne voudrais pas tomber. Nous avons les journalistes et les politiques que nous méritons : nous lisons les premiers et élisons les seconds. Ils sont le reflet de nos attentes et la responsabilité est donc collective. Mais la place accordée au drame planétaire est, reconnaissons-le, littéralement ahurissante. Et indécente. Comme l'est d'ailleurs l'importance souvent dérisoire accordée aux immenses drames humains dès lors qu'ils se déroulent à l'extérieur du territoire national ou touchent les plus démunis. Je ne regarde pas le journal télévisé, mais quand il m'arrive de le voir chez mes parents, je suis stupéfait du temps consacré à des anecdotes insignifiantes – parfois dès l'ouverture – alors que l'essentiel est relégué à ce qui devrait être la place du fait divers. Cette construction des hiérarchies est lourde de conséquences :

elle participe à la création d'une image du réel extraordinairement biaisée par rapport à l'axiologie que j'appelle ici de mes vœux.

Que pensez-vous du nucléaire ?
– La question du nucléaire a phagocyté le débat. L'immense problème écologique a été bien trop rabattu sur la seule interrogation : « Faut-il sortir du nucléaire ? » Or ce n'est qu'un petit aspect de la question et c'est pourquoi je ne l'ai volontairement pas abordé. C'est un problème complexe qui demande de la nuance. Il y a d'authentiques écologistes qui sont fermement en faveur du nucléaire. Et d'autres, plus nombreux, fortement en défaveur.

Une centrale nucléaire n'émet pratiquement pas de CO_2 et c'est une bonne chose. Mais le nucléaire n'est pas sans poser par ailleurs problème. La plus grave des difficultés concerne certainement les déchets à durée de vie longue. Le stockage est hautement délicat et plus qu'incertain sur des échelles de temps qui dépassent de très loin les échéances auxquelles une stabilité politique est envisageable. Il y a là, à mon sens, un risque majeur. Le démantèlement des centrales, d'un coût extrêmement élevé, relève également d'une grande complexité. Et les réserves sont loin d'être, de toute façon, inépuisables.

Pour autant, il ne me semblerait pas raisonnable de mettre en œuvre une sortie précipitée du nucléaire. Elle se solderait par le recours à des énergies fossiles qui contribueraient bien davantage au réchauffement climatique. Ce dossier complexe mérite toute notre nuance. Mais, pour ce qui me concerne, je peine à penser le nucléaire – dans sa forme actuelle – comme une solution acceptable sur le long terme. Je n'imagine pas non plus que la France en sorte rapidement : c'est concrètement infaisable.

Je ne suis pas opposé à la recherche sur la fusion nucléaire, mais il s'agit d'une éventualité pour le très long terme. Et il est indispensable que les budgets consacrés à ces études n'obèrent pas les travaux sur les autres énergies possibles (solaire, éolien, biomasse, marémotrice, etc.).

N'est-il pas trop tard ?
– Cette question n'a pas de sens. Trop tard pour quoi ? Si l'on veut dire « trop tard pour qu'il ne se soit rien passé de nuisible », évidemment oui ! Il est trop tard depuis des millénaires, trop tard depuis toujours... Si l'on veut signifier « trop tard pour éviter que ce soit pire encore », il n'est évidemment jamais trop tard. On peut *toujours* occasionner plus de dégâts et détruire davantage. Je ne comprends pas ce que « trop tard » peut signifier. L'argument suivant lequel tout serait autorisé parce qu'il est « trop tard » est le plus inepte que l'on puisse trouver.

Ne vous enfermez-vous pas dans une sorte de « bien-pensance » systématique ?
– Serait-il préférable de revendiquer la « mal-pensance » ? Soyons sérieux : il n'est

pas ici question de morale. Il est question de choix. Souhaitons-nous devenir la génération qui aura dévasté en quelques décennies ce que des dizaines de millions d'années d'évolution complexe étaient parvenues à élaborer ? Souhaitons-nous être ceux qui ont décidé qu'ils n'auront pas de descendance ? S'il s'agit de conspuer la posture écologique au titre de ce qu'elle serait peu subversive, peu nietzschéenne, ou trop consensuelle, c'est une mauvaise plaisanterie. Qu'elle soit assumée ou non, la posture ultradominante est évidemment celle d'une prédation désinvolte et inconséquente. Hors de toute éthique, même au pur niveau esthétique, si l'on souhaite aujourd'hui un peu de neuf, d'étrange, d'inouï, ce n'est certainement pas dans un dernier geste de sauvetage d'un système oppresseur et destructeur usé jusqu'à l'os qu'on le trouvera.

Je suis également engagé pour l'ouverture des frontières aux réfugiés, pour les droits des animaux, pour la lutte contre le sexisme, l'homophobie, l'antisémitisme et l'islamophobie, contre l'indifférence à la pauvreté (même hors de nos frontières), et je ne pense pas devoir en avoir honte.

Et je continuerai d'aimer, de lire et de réciter avec passion les poèmes de Genet ou Pasolini, même s'ils n'ont rien à voir avec l'écologie. Encore que…

Vous prônez des mesures légales, mais la liberté n'est-elle pas « non négociable » ?
– Quand il n'y aura plus de vie, à quoi servira la liberté ?
Surtout : il n'y a pas de sens à faire comme si la « liberté totale » était actuellement à l'œuvre et devait être défendue. Un nombre incalculable d'articles de lois régit ce qui est autorisé et ce qui ne l'est pas. Pour le bien commun, pour que la violence de certains n'entrave justement pas la liberté des autres. Je souhaite simplement que notre violence extrême envers la vie fasse maintenant partie de ce qui n'est plus autorisé. Au moins le temps que cela nous

devienne évident. Pour que nous jouissions de la liberté de ne pas mourir.

Que pensez-vous de la question démographique ?
– C'est un point particulièrement délicat. Là encore il y a un piège : considérer que la démographie est le seul problème et que donc seuls les pays à démographie galopante ont à faire un effort. Cette analyse est inacceptable pour plusieurs raisons. D'abord, les pays à haute croissance démographique sont plutôt des pays pauvres et on imagine aisément la forme de colonialisme que représenterait le fait de leur imposer un mode de vie orthogonal à leurs attentes. Ils ont déjà très peu, on ne peut pas leur demander de renoncer à l'une des seules richesses dont ils jouissent. Le fait est, d'ailleurs, qu'ils ne sont pas les plus gros pollueurs. Ensuite, parce que, contrairement à d'autres observables, la population mondiale n'est pas en croissance exponentielle : elle devrait être

stabilisée à l'horizon 2050. Enfin, parce que si les richesses et les ressources sont mieux réparties, dans un rapport apaisé à la vie, une population plus importante que celle actuellement présente pourrait avoir un impact nettement inférieur à celui que nous produisons aujourd'hui.

Il serait certainement souhaitable que nous, les humains, soyons moins nombreux. Pour nous-mêmes et pour les autres vivants. Mais je pense qu'il faut tendre vers cette « décroissance » numérique de façon non autoritaire et, surtout, non colonialiste. On sait par exemple que les systèmes de solidarité – tels que l'assurance maladie, une retraite digne, l'assurance chômage, etc. – favorisent très fortement une baisse de la natalité (les enfants cessent d'être la seule « assurance pour la vieillesse »), tout en améliorant la qualité de vie. Là encore, il apparaît que les dimensions sociales et écologiques sont liées et se soutiennent mutuellement : on peut gagner sur tous les tableaux.

Le plus grand défi de l'histoire de l'humanité

Que pensez-vous des prises de position d'Emmanuel Macron lors de la création du Haut Conseil à l'écologie ?

– Le chef de l'État semble prendre conscience de la gravité extrême de la situation écologique globale et c'est une bonne nouvelle. Cela suffira-t-il pour autant ? De nombreux aspects, essentiels, ont été passés sous silence. Et surtout : les mots seront-ils suivis de faits ? L'histoire récente appelle à la plus grande prudence et à la plus grande vigilance. Et quand bien même serait-ce le cas, il n'est sans doute pas possible de faire face au drame actuel en tentant désespérément de sauvegarder un système mortifère et agonisant. Il faudra aller plus loin.

Face à ce défi, le plus grave et le plus global de l'histoire de l'humanité, le plus difficile aussi, il ne saurait être question de s'en tenir à des ajustements de détail.

Il est rassurant de noter que le président de la République annonce, si je l'ai bien compris, la nécessité d'une baisse de la consommation. C'est une évidence scientifique : une croissance exponentielle de l'utilisation des ressources dans un monde fini n'est pas tenable longtemps, nous mènerions le système « Planète Terre » au crash. Ce n'est pas un détail.

Il est également heureux de noter que M. Macron évoque les 48 000 décès annuels, rien qu'en France, dus à la pollution. Ce chiffre affolant devrait susciter une réaction à sa démesure.

Enfin, la reconnaissance de ce que la transition écologique – si elle a effectivement lieu puisque pour le moment aucune action réelle n'a encore été entreprise – est génératrice d'emplois et, évidemment, convergente avec le progrès social est une bonne chose. De même, d'ailleurs, que la volonté de développer des énergies non carbonées. Les premières victimes du désastre écologique seront les plus démunis, comme s'en est inquiété le chef de l'État, et cette préoccupation est donc tout sauf élitiste.

Le plus grand défi de l'histoire de l'humanité

Je pense enfin que le Président a raison de viser une sortie « lente » du nucléaire. S'en extraire immédiatement serait catastrophique et imposerait de recourir à des énergies terriblement plus néfastes sur le plan climatique. Souhaiter y demeurer dans le long terme pourrait être irresponsable compte tenu des dangers associés aux déchets.

Emmanuel Macron me semble avoir évoqué avec nuance (du point de vue du système dans lequel il évolue) et précision un certain nombre de points importants.

Il ne saurait pourtant être question d'en demeurer à une satisfaction de façade. D'abord, il y a, je crois, des manques essentiels dans le discours du Président. Sur le plan social, évidemment. Le niveau des inégalités n'est plus tenable et cette question est un des versants du problème écologique.

Et, pour en rester à l'aspect purement environnemental, il est très contrariant que l'expansionnisme débridé des territoires humainement impactés n'ait pas été mentionné. Nous ne pouvons plus continuer à envahir tout l'espace. Les autres vivants – avec lesquels nous sommes en interdépendance – n'ont plus de lieu pour vivre. C'est actuellement une cause majeure de disparition des espèces. Nous sommes au cœur de la 6ème extinction massive et la cause principale de celle-ci (qui n'est *pas* à ce stade le réchauffement climatique) n'est presque jamais abordée !

Il est également étonnant et inquiétant que les très graves problèmes de pollution liés, par exemple, à l'emploi du plastique n'aient pas été abordés avec plus de fermeté. Des mesures semblent avoir été prises depuis lors, mais avec trop de réserves et un calendrier retardé.

Le risque de l'évolution esquissée par le président, c'est peut-être avant tout celui d'une nouvelle tentative de sauvetage d'un système intrinsèquement incompatible avec la vie. On ne combat pas des bombes atomiques avec des épées de bois, on ne combat pas une crise d'ampleur planétaire par des mesures d'ajustement.

Face à cette fin du monde, il faut aller plus loin, plus vite et surtout plus profond que ce qui a été suggéré par le chef de l'État. Sans doute est-il souhaitable, comme le propose M. Macron, de favoriser les véhicules électriques qui seront – un peu – moins polluants. Mais on ne peut pas continuer exactement « comme avant ». On ne peut pas en rester là. On ne peut pas se contenter de changer superficiellement les accessoires sans interroger les enjeux et les objectifs.

Il faut aussi que nos représentants au plus haut niveau comprennent que c'est toute notre conception de la nature qui doit être urgemment repensée. Ils ne sont pas formés à faire face à ces questions abyssales. C'est cette mortelle velléité à nous extraire d'une nature dont nous sommes pourtant un élément parmi tant d'autres qui doit être mise sur la table. C'est un travail politique, mais aussi éthique et philosophique. Il n'est pas question de revenir à l'âge de pierre, mais au contraire d'inventer, enfin, un devenir radicalement autre qui s'extrait de la logique de domination et d'appropriation.

On devrait multiplier les « expérimentations » et s'inspirer des ZAD ou communautés alternatives qui fonctionnent correctement.

Pour faire face au désastre écologique, chacun a son analyse sur les « racines du mal ». Et les analyses sont divergentes. Mettons en place les mesures qui seront recommandées par le Haut Conseil pour le climat créé par M. Macron – y compris quand elles seront incompatibles avec les dogmes en vigueur –, et allons au-delà, car il le faudra sans aucun doute. Très profondément. Nous verrons bien, *a posteriori*, quel système permettra de mener cette révolution : personne n'est aujourd'hui capable de l'imaginer *a priori*.

Le seul espoir face à la catastrophe en cours, c'est que, forcés d'inventer un autre rapport à la Nature, du dedans, nous soyons aussi contraints d'inventer un autre rapport à nos semblables. Peut-être la nécessité écologique sera-t-elle finalement l'origine du renouveau social tant attendu ? Nous pouvons ici tout perdre. Mais aussi gagner ce qui semblait inaccessible. Les temps sont décisifs.

Le grand débat est intéressant... s'il est réel. Mais, là encore, je suis circonspect : le choix des questions et la manière de les formuler permettent-ils, en l'état, l'émergence de l'immensité du changement écologique et social qui me semble nécessaire ?

Avec qui faut-il s'allier face à ce péril ?
– Un des grands problèmes de l'action politique, en particulier à gauche, vient des luttes intestines entre ceux qui partagent pourtant globalement les mêmes valeurs, mais dont les analyses diffèrent sur des points de détail. Quand il s'agit de la sauvegarde de la vie, je pense que nous

devrions être raisonnables. J'ai constaté à de nombreuses reprises que certains rechignaient à rejoindre des initiatives à cause de la présence de telle ou telle association ou personnalité avec laquelle il ou elle ne partageait pas toutes les conclusions. Nous n'en sommes plus là. Il faut que les forces de vie s'allient, même quand, ici ou là, il y a des divergences.

Je crois qu'il faut aussi s'inspirer de tout ce qui n'est pas le cœur du dogme occidental industriel. En particulier, un nouveau regard sur l'Afrique, un regard fondé sur l'humilité et le désir de comprendre en profondeur – et non plus sur la condescendance ou le colonialisme – serait essentiel. Nous avons ici beaucoup à apprendre. L'Afrique, écrivait le grand poète Sony Labou Tansi, n'est plus le nom d'un puits de matières premières, mais celui d'une « culture du scandale ». Nous avons besoin de ce scandale.

Le plus grand défi de l'histoire de l'humanité

Comment cet engagement s'articule-t-il à vos autres activités scientifiques, philosophiques, poétiques ?

– Il ne s'y articule pas. Pourquoi tout devrait-il toujours être assujetti à une cohérence globale fantasmée ?

Mon travail scientifique porte sur la cosmologie et la gravitation quantique, l'origine de l'Univers et la structure des trous noirs. Avec mes collègues et doctorants, nous calculons les conséquences des nouvelles théories sur le modèle du Big Bang et les processus astrophysiques de haute énergie. C'est assez passionnant, mais éloigné du problème écologique !

Sur le plan philosophique, je m'intéresse à l'exploration des modes du désordre pour tenter de frayer un sens dans une certaine pensée du chaos et du multiple. Ce qui me conduit également à m'opposer à un scientisme naïf qui supposerait que la science appréhende la totalité du réel.

Mes petites explorations poétiques et artistiques sont ailleurs. Parce que, finalement, au-delà des batailles « globales » que nous n'avons plus le choix de ne pas mener, je pense qu'il ne faut jamais oublier – dans une vision assez épicurienne – que le monde est aussi et avant tout local. *Hic et nunc*. Dans une sorte de paralogie du *clinamen*.

Nous sommes tous multiples. Ne reconstruisons pas une fausse unité entre ces modes gracieux de leur hétérogénéité.

Doit-on vraiment tenter de sauver le monde tel que nous le connaissons ? Le peut-on ?
– Pour moi, c'est sans doute la question la plus difficile. Bien sûr, on pourrait être cynique et répondre négativement. On pourrait arguer qu'après la chute viendra une renaissance. Il est très probable que si nous allons à la catastrophe, la vie reprendra ses droits au bout de quelques millions d'années. Et une nouvelle exubérance naîtra. Certes.

Le plus grand défi de l'histoire de l'humanité

Mais ce serait oublier un peu vite que sous les espèces, il y a des individus. Que sous les statistiques, il y a des personnes. Penser « peu importe que des races disparaissent et soient remplacées par d'autres » est une chose. Revendiquer son corollaire, « je décide que mes enfants vont mourir », en est une autre. Et pourtant ces deux phrases constituent une seule et même idée. Et ce non-avenir que nous décréterions alors pour nos successeurs ne prendrait pas seulement la forme d'une mort prématurée, mais aussi, certainement, celle de guerres, de famines, de déportations... Sans compter que nous emporterions avec « nous » des millions de milliards d'animaux qui n'ont en rien choisi cette apocalypse. La posture cynique me semble difficilement tenable si l'on pense à l'échelle de l'individu, la seule qui importe réellement. Elle a quelque chose d'obscène : confortablement installés devant leur ordinateur, certains aiment à commenter sur les réseaux sociaux « peu m'importe la fin du monde, après tout elle est inévitable, on doit tous mourir », avec ce ton d'arrogance hautaine de ceux qui « ont compris » ce qu'il se passe. C'est toujours le même schème : la douleur et la mort sont infiniment plus acceptables quand ils ne nous touchent pas ici et maintenant.

Je ne sais pas si nous pourrons le faire. Rien ne permet d'être aujourd'hui optimiste. S'il ne s'agit que de survivre sur une planète dévastée – transformée en poubelle et en étuve – alors, en effet, peut-être faut-il mieux renoncer. Mais les souffrances seront plus qu'immenses. Incommensurables à toutes les autres au cours de notre brève histoire. Il est encore trop tôt pour l'accepter. Il n'est pas impossible que nous échappions au pire. Peut-être cela relèverait-il effectivement du miracle. Mais la vie, elle-même, est une sorte de miracle.

ÉPILOGUE PRESQUE PHILOSOPHIQUE

Notre culture s'est structurée autour du fantasme de l'Ordre. Nous avons passionnément aimé classifier le réel, perçu au travers du prisme d'une Unité supérieure ou cachée. Pour le meilleur et pour le pire. La métaphysique traditionnelle, dont nous sommes les héritiers, a scindé le monde suivant des oppositions binaires, généralement adossées à une hiérarchie implicite : culture contre nature, homme contre femme, croire contre savoir, humains contre animaux, raison contre folie, présence contre absence, parole contre écriture…

Aujourd'hui, la métacrise à laquelle nous faisons face échappe à nos vieilles catégories. La situation est scientifiquement et éthiquement extraordinairement angoissante. Elle est aussi intellectuellement extrêmement excitante : nous avons l'occasion – poussés par une nécessité vitale – d'inventer un Nouveau Monde. Il faut tout redéfinir, nous n'avons plus le choix. Peut-être serait-il temps, enfin, de n'avoir plus peur du multiple et du chaos[1]. De dépasser les grands ordres transcendants ou immanents (mis en mots, notamment, par Leibniz et Kant) qui, toujours, assujettissent le « hors » à un « autour », qui rabattent l'altérité sur une ressemblance.

Une forme d'ingénuité gagnerait, je crois, à être aujourd'hui retrouvée. Une manière de ne plus chercher de prétextes

---

1. Ici, naturellement, je ne me réfère pas au chaos nuisible que serait une Terre dévastée, mais au chaos fécond d'une pensée *ouverte*.

face aux solutions évidentes. Nous souhaitons ne pas détruire la nature, la vie sur Terre (et donc ne pas nous suicider). Nous souhaitons éradiquer la pauvreté. Et nous sommes de plus en plus nombreux. La solution évidente (et unique) serait à la portée d'un enfant de cinq ans, mais nous n'osons pas la voir en face : le partage. La pensée dite rationnelle a perdu son chemin.

Nos catégories, nos critères, nos valeurs ne sont pas donnés et immuables. Ils sont construits et réfutables. Notre liberté de redéfinition est immense et il faut nous en emparer aujourd'hui plus que jamais. Rien ne s'oppose – aucune force économique, aucune puissance politique – à ce que nous réinventions les concepts, les mots, les lignes de pensée qui font sens. Nous sommes libres de nos émois. Et ils déterminent, finalement, toute la morphologie du monde que nous habitons.

Une chose est certaine : il est impossible de continuer sur la trajectoire actuelle. Qu'on le veuille ou non, ça ne durera pas. L'inquiétude qui se dessine ici est aussi une chance sans précédent. Forcés par les circonstances, nous avons tout à réinventer. S'il ne s'agissait que de prolonger un peu l'agonie – par quelques fulgurances technologiques –, de trouver des subterfuges pour jouir une dernière fois de notre arrogance prédatrice, l'effort n'aurait aucun intérêt. Mais il peut s'agir d'une opportunité unique sur le plan social, politique, économique, esthétique... tout peut être remis à plat. Un vertige jubilatoire des possibles se fait jour en arrière-plan de la catastrophe.

Il n'est pas question de faire « table rase » du passé. L'humanité a produit des chefs-d'œuvre et a acquis d'extraordinaires connaissances. Le point de rupture que nous atteignons n'est ni un point de rebroussement ni un retour au départ. Il est une discontinuité. Tout peut advenir.

Le plus grand défi de l'histoire de l'humanité

Le pire, sans aucun doute, mais aussi le meilleur. Les violences insidieuses (sociales, sexistes, racistes, etc.) peuvent être déconstruites dans le même geste que celui qui impose de révolutionner notre être-à-la-Terre. Et ces clivages même pourraient être interrogés. Les catégories du langage imposent une matrice sur le réel qui n'est jamais neutre. N'ayons pas peur de cette révolution. Elle peut dévoiler un immense paysage hors du chemin que nous parcourrions. Elle peut contribuer à ouvrir sur une économie de l'amour en lieu et place d'une gestion de la finance.

L'amour n'est pas qu'un ressenti, il est une exigence. Il impose une réinvention constante de ce qui se donnait pour acquis. Il requiert un « vers l'autre » qui excède la logique de la gestion. Il est toujours, nécessairement, profondément révolutionnaire. Peut-être ne s'agit-il que d'apprendre – enfin – à aimer.

La singularité de ce temps tient à ce que l'initiative ne vient ni des philosophes, ni des artistes, ni des politiques. Pas même des scientifiques. Elle émerge du monde. Du monde lui-même, en lui-même, dont nous sommes pourtant un élément, mais qui nous impose ce renouveau radical, dans toutes les sphères de l'action et de la création. Le paradoxe est à la démesure de l'enjeu.

Je crois que tout réside maintenant dans un nécessaire renoncement à cet impérialisme intellectuel – décelable au sein de toutes les civilisations – qui a grevé les possibles du passé, sans pourtant renier l'existence tangible d'une factualité externe. Si le poète est celui qui sait entrevoir ce qui n'avait pas encore été imaginé, qui sait que l'existant s'invente en même temps qu'il se découvre, l'avenir sera poétique ou ne sera pas.

Le plus grand défi de l'histoire de l'humanité

Trouver des concepts, penser à partir du commun, redéfinir le cadre même du réel, revoir toute notre taxinomie, embrasser ce qui effrayait, interroger les frontières, renverser les symboles, imaginer l'impossible, conjurer nos angoisses… La tâche est immense et le temps presse. Si le génie humain existe, c'est ici et maintenant qu'il doit se manifester.

Table des matières

Préface..9

Le constat..13

Des ébauches d'évolutions simples
et urgentes..33

L'évolution profonde.............................65

Quelques questions..............................101

Épilogue presque philosophique........135

Composition
PRESS·PROD

Ce livre est imprimé en France, par un imprimeur soucieux de préserver l'environnement à travers des actions d'économies d'énergie, de valorisation des déchets, d'utilisation de produits moins nocifs pour la santé des travailleurs.

Imprimé en France
par Corlet Imprimeur
14110 Condé-en-Normandie
Dépôt légal : mai 2019
N° d'impression : 205102
ISBN : 978-2-7499-4058-8
LAF : 2778